栾川县地质灾害特征与防治

宇　洁　席文明　金　钢　程　强　编著

U0286238

黄河水利出版社

·郑州·

内 容 提 要

栾川县位于河南省西南部、小秦岭的东部，区域地貌主要为中低山，山地为主的地貌决定了该区为地质灾害多发区，崩塌、滑坡、泥石流为主的地质灾害对地质环境产生不良影响。另外，该区矿产资源丰富，矿山开采产生一系列环境地质问题，如露天采坑、尾矿库堆积、选场排水等引发和加剧了原有的地质灾害。本书对栾川县地质灾害的特征以及形成条件进行了详细的阐述，并对地质灾害防治工作提出了对策及建议。

本书可供地质专业从业者、学者、行政主管部门相关管理者、矿山企业从业人员学习参考。

图书在版编目（CIP）数据

栾川县地质灾害特征与防治/宇洁等编著. —郑州：黄河水利出版社，2017.11

ISBN 978 – 7 – 5509 – 1900 – 6

Ⅰ. ①栾…　Ⅱ. ①宇…　Ⅲ. ①地质灾害 – 研究 – 栾川县　Ⅳ. ①P694

中国版本图书馆 CIP 数据核字（2017）第 292912 号

组稿编辑：王路平　　电话：0371-66022212　　E-mail：hhslwlp@ 126. com

出　版　社：黄河水利出版社　　　　　　　　　　　　网址：www.yrcp. com

　　　　　　地址：河南省郑州市顺河路黄委会综合楼14 层　邮政编码：450003

发行单位：黄河水利出版社

　　　　　　发行部电话：0371 – 66026940、66020550、66028024、66022620（传真）

　　　　　　E-mail：hhslcbs@ 126. com

承印单位：河南新华印刷集团有限公司

开本：787 mm × 1 092 mm　1/16

印张：7. 75

字数：180 千字

版次：2017 年 11 月第 1 版　　　　　　印次：2017 年 11 月第 1 次印刷

定价：25. 00 元

前　言

  我国山地丘陵区约占国土面积的 65%,地质条件复杂,构造活动频繁,崩塌、滑坡、泥石流、地面塌陷、地裂缝、地面沉降等灾害隐患多、分布广、防范难度大,是世界上地质灾害最严重、受威胁人口最多的国家之一。

  多年来,我国先后有计划地开展了全国大江大河和重要交通干线沿线地质灾害专项调查、1:50 万比例尺区域环境地质调查。1999 年以来,还相继部署开展了近 1 400 个县(市)的地质灾害调查与区划。上述调查工作初步查明了我国地质灾害分布情况,划分了易发区和危险区,建立了群测群防体系,基本上扭转了我国地质灾害防治的被动局面,有效地减轻了地质灾害损失。然而,由于地质灾害成因复杂,我国经济社会发展迅速,滑坡、崩塌、泥石流等地质灾害仍呈现加剧趋势,严重危害人民群众生命财产安全和影响社会经济的可持续发展。以往工作成果精度不高和地质灾害机制研究不够透彻的问题逐渐凸显,形势要求亟待开展大比例尺的地质灾害详细调查。

  栾川县位于河南省西南部、小秦岭东部,区域地貌主要为中低山。山地为主的地貌决定了该区为地质灾害多发区,以崩塌、滑坡、泥石流为主的地质灾害对地质环境产生不良影响。另外,该区矿产资源丰富,矿山开采产生一系列环境地质问题,如露天采坑、尾矿库堆积、选场排水等,一定程度上引发、加剧了原有地质灾害的发生。

  本书在野外实地调查和详细研究栾川县地质环境条件的基础上,对栾川县地质灾害的类型、分布、发育特征、形成机制做出了详细介绍,并对栾川县地质灾害的易发性和危险性进行了分区及评价。同时,针对栾川县地质灾害的类型及发育特征提出了地质灾害防治措施及建议,为下一步栾川县地质灾害防治工作指明了方向。

  由于编者水平有限,书中难免有错误和不当之处,敬请读者批评指正。

作　者
2017 年 9 月

目　录

前　言

第一章　概　述 ……………………………………………………………… (1)

　　第一节　栾川县自然地理与社会经济概况 ………………………………… (1)

　　第二节　环境地质问题与地质灾害概况 …………………………………… (3)

第二章　地质环境现状 ……………………………………………………… (4)

　　第一节　地形地貌 ………………………………………………………… (4)

　　第二节　气象水文 ………………………………………………………… (5)

　　第三节　地层岩性 ………………………………………………………… (9)

　　第四节　地质构造及地质运动 …………………………………………… (10)

　　第五节　岩土体类型及特征 ……………………………………………… (15)

　　第六节　水文地质 ………………………………………………………… (16)

　　第七节　人类工程经济活动特征 ………………………………………… (17)

第三章　地质灾害特征 ……………………………………………………… (22)

　　第一节　地质灾害的类型 ………………………………………………… (22)

　　第二节　地质灾害发育特征 ……………………………………………… (26)

　　第三节　地质灾害分布规律 ……………………………………………… (39)

　　第四节　地质灾害稳定性、灾情与危险性 ……………………………… (40)

第四章　地质灾害形成条件 ………………………………………………… (44)

　　第一节　地貌与地质灾害 ………………………………………………… (44)

　　第二节　地层及岩土体结构与地质灾害 ………………………………… (46)

　　第三节　水与地质灾害 …………………………………………………… (47)

　　第四节　植被与地质灾害 ………………………………………………… (49)

　　第五节　人类工程活动与地质灾害 ……………………………………… (49)

第五章　典型地质灾害特征与形成机制 …………………………………… (51)

　　第一节　典型滑坡 ………………………………………………………… (51)

　　第二节　典型不稳定斜坡 ………………………………………………… (66)

　　第三节　典型泥石流 ……………………………………………………… (69)

第六章　地质灾害区划与分区评价 ………………………………………… (77)

　　第一节　总体评价原则 …………………………………………………… (77)

　　第二节　地质灾害易发性区划及分区评价 ……………………………… (77)

　　第三节　地质灾害危险性区划及分区评价 ……………………………… (90)

第七章　地质灾害防治对策建议 …………………………………………… (95)

　　第一节　地质环境保护与防治 …………………………………………… (95)

第二节　地质灾害防治原则 ···（95）

第三节　地质灾害防治措施 ···（97）

第四节　地质灾害气象预警区划 ···（100）

第五节　防灾预案与群测群防体系 ···（105）

第六节　栾川县地质灾害防治规划建议 ·····································（107）

第七节　应急搬迁避让新址 ···（109）

第八章　结论和建议 ···（113）

第一节　结　论 ···（113）

第二节　建　议 ···（114）

参考文献 ··（116）

第一章　概　述

第一节　栾川县自然地理与社会经济概况

一、自然地理概况

栾川县位于豫西山区、伊河上游,距洛阳市 200 km,距省会郑州市 349 km,现属洛阳市管辖。地理坐标:东经 111°11′~112°01′,北纬 33°39′~34°11′。东与嵩县毗邻,西与卢氏衔接,南与西峡抵足,北与洛宁比肩。总面积 2 477.7 km²。东西直线最长处 78.4 km,南北最宽处 57.2 km,耕地面积 22.16 万亩❶,人口 31.8 万,平均每平方千米 120 人,其中农业人口 27.67 万。辖城关、赤土店、合峪、潭头、陶湾、三川、冷水、石庙、叫河、白土、狮子庙、庙子十二镇及秋扒、栾川两个乡,209 个行政村,1 955 个村民组,见图 1-1。

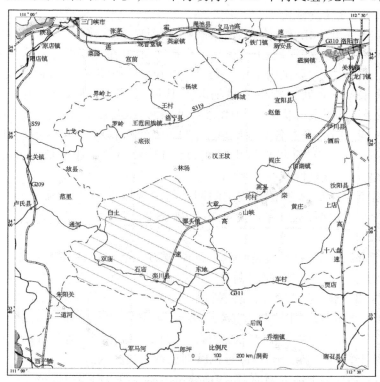

图 1-1　栾川县交通位置示意图

❶　1 亩 = 1/15 hm²,下同。

县境内现以公路交通为主,国道 311 线穿越县境东南,全境长 57.2 km。省道洛卢公路(豫 19)东西横贯县境南川,全线长 83.1 km。旧祖公路、卢潭公路、栾冷公路、陶川路、牛叫路、白崇路、叫小路、七九路等连接各乡(镇)和沿线村庄,此外还有龙峪湾森林区公路、老君山林区公路、大坪森林区公路、康山金矿公路等专用公路。除徐西公路和洛卢公路大部为油路外,其余公路多为砂石路或水泥路。

全县山多地少,人均耕地 0.59 亩,素有"九山半水半分田"之称。县城面积 10.2 km²。栾川森林资源丰富,全县林地面积 310 万亩,飞播造林及人工造林 206 万亩,原始森林 104 万亩,立木总蓄积量 889 万 m³,森林覆盖率 83.3%,名列河南省第一,有"中原肺叶"之称。栾川水能资源丰富,全县境内有伊河、小河、明白河、清河四大河流,分属黄河、长江水系。大小支流 604 条,河网密度 0.59 km/km²。地表水年均径流量 6.8 亿 m³,水能蕴藏量 11.78 万 kW,可开发量 8.5 万 kW,是国务院确定的全国农村小水电电气化建设试点县。

二、社会经济概况

栾川县历史悠久,五六千年以前已有人类聚居,境内已发现多处仰韶文化和龙山文化遗址,夏商时代栾川为有莘之野。自古以农林牧为立业之本,至中华人民共和国成立后相当长时期,农业居于主导地位。

栾川县矿产主要有钼、铁、白钨、铅、锌、硫、金、镁、荧石、铜、水晶、石煤等。尤以钼矿最为丰富,现有三道撞、南泥湖、上房沟三处大矿区及 10 余处小矿点。这些钼矿床品位之富、厚度之大、储量之多,属国内罕见。栾川矿业开采历史悠久,县境内各类古采洞口 200余处,古冶炼遗址 30 余处。进入 20 世纪 90 年代以后,县委、县政府提出了"矿业兴县"的总方针,依靠栾川地下资源优势,大力发展矿业经济,全县以矿业为主的工业体系已经形成。截至 1999 年年底,全县各类采矿单位 370 余个,其中大于 50 t/d 以上选厂 53 个,日处理矿石总量 25 185 t,全年冶炼生产能力为 13 000 t。矿业产值占全县工业产值的75%,已成为栾川县支柱性产业。

栾川旅游资源丰富,有按国家制定的调查与评价体系,全国旅游资源分为 8 大类 31个亚类 155 种基本类型,栾川有 8 大类 26 个亚类 84 种基本类型,分别占全国的 100%、83.9% 和 54.2%。

栾川特产资源丰富,有根茎类(天麻、首乌、柴胡、黄芩、党参等)、果实类(杏仁、山楂、五味子、枸杞子、连翘等)、花叶类(竹叶、二花、茵陈、野菊、辛夷等)、皮枝类(杜仲、桑枝、柳枝、椿皮、竹茹)、藤本树脂类(松香、桃胶、冬藤、木通、五倍子等)、菌藻类(猪苓、桑寄生、灵芝、银耳、马勃等)。中药材有 1 400 多种,年产量 500 万 kg 以上,医药专家称之为"豫西天然药库",有"一步三棵药"之美誉。木耳、香菇、猴头、鹿茸、核桃、板栗、柿子、蜂蜜等 100 多种土特产享誉全国,产品远销欧洲和东南亚各国。

栾川县山多地少,土地资源珍贵,辟地建房不易。坡上有滑坡之虞,坡下有洪水之灾。随着生活水平的提高、交通条件的改善,山上居民陆续向沟谷下游迁移,对下游斜坡的破坏程度日益加剧。

1986 年以来,栾川县抓住省、部交通扶贫的机遇,累计投入资金 9 817 万元,开挖土石方 3 198 万 m³,实施公路建筑项目 97 个,新修公路 43 条,新增及扩改公路 1 030 km,修通50 个不通车村的公路,对外联系的公路增加到 9 条,全县公路在数量和质量上有了质的飞跃。洛卢路拓宽改造,311 国道庙子至林子口段扩改工程正在施工,必将促进栾川经济和社会各项事业的发展。

目前,县境内以跃进渠为主的灌溉渠道 5 条,总长 82.8 km。符合标准的小水库有大坪、寨沟、大南沟等 11 座。既能灌溉又能养鱼,总库容达 725.3 万 m³,其中大坪水库库容达 400 万 m³。除 10 余座小型水电站外,又修建了大批河道治理工程。

第二节 环境地质问题与地质灾害概况

栾川县位于河南省西南部、小秦岭的东部,区域地貌主要为中低山,山地为主的地貌决定了该区为地质灾害多发区,崩塌、滑坡、泥石流为主的地质灾害对地质环境产生不良影响。另外,该区矿产资源丰富,矿山开采产生一系列环境地质问题,如露天采坑、尾矿库堆积、选场排水等,不仅引发、加剧了原有的地质灾害,而且造成水体污染、粉尘污染等地质环境问题。

洛钼集团在冷水境内有 3 个大露天采坑,对地形地貌造成严重破坏。栾川的陶湾、石庙、冷水境内矿产丰富,尾矿库分布普遍,仅石庙就有尾矿库 22 座,造成地形地貌的破坏,形成安全隐患,成为泥石流的物源。2010 年 7 月 24 日,尾矿库发生溃坝事故,引发泥石流,使整个干涧沟自然环境遭到破坏,成为碎石、碎渣的堆场,所幸预警及时,没有造成人员伤亡。

据 2002 年河南省地质环境监测站提交的"栾川县地质灾害调查与区划"报告,区内共调查地质灾害点 218 处,尾矿库及矿渣堆放点 43 处。其中,滑坡、泥石流灾害共占90%,是境内主要地质灾害类型。

随着地质环境条件、降水变化及时间推移,地质灾害隐患会不断的出现,2010 年汛期栾川县出现连续的强降雨,因此又引发了大量的地质灾害隐患点。据"河南省栾川县'7·24'特大暴雨引发地质灾害应急调查报告",本次普查共发现地质灾害隐患点 116 个(含 25 个老地质灾害点),滑坡 73 个、崩塌 7 个、泥石流 29 个、不稳定斜坡 2 个、采空塌陷1 个、地裂缝 4 个。其中,特大型 2 个、重大型 13 个、较大 90 个、一般 11 个。

针对地质灾害多发的严重形势,县政府十分重视汛期地质灾害防灾应急工作,编制了《栾川县地质灾害防治应急预案》,初步建立了地质灾害监测应急网络,积极推进地质灾害防治的基础性工作,先后编写了《河南省栾川县地质灾害调查与区划》《栾川县地质灾害防治规划(2010~2020 年)》《栾川县矿山地质环境保护与治理规划(2010~2020年)》,为栾川县地质灾害的防治提供了基础资料。

栾川县先后完成了《栾川县三川门子岭滑坡应急治理方案》《栾川县庙子政府后滑坡治理》《河南省栾川县潭头魏家沟滑坡勘察》《栾川县大南沟泥石流治理工程》《栾川县三合金矿排渣场治理工程》等矿山地质环境、地质灾害治理工程。

第二章　地质环境现状

第一节　地形地貌

栾川县境内山岭纵横,层峦叠嶂,沟岔交织,共有高低山头 12 200 个,大小沟岔 8 550 条,地势西南高,东北低,海拔最高的鸡角尖 2 212.5 m,海拔最低的汤营村伊河出境处 450 m,相对高差 1 762.5 m。

栾川县位于豫西山地,在内外营力的长期作用下,本县呈现出多种地貌形态,其中主要为中山地貌、中低山地貌、低山地貌、低山丘陵地貌、河谷平原阶地漫滩地貌等,栾川县地貌图见图 2-1。

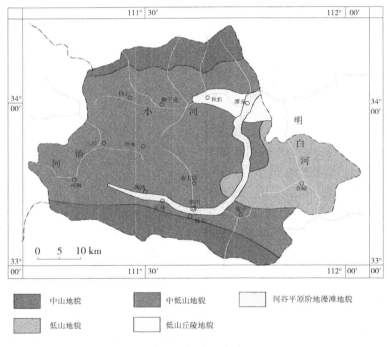

图 2-1　栾川县地貌图

(1)中山地貌。分布于工作区南部和北部。北部在熊耳山南麓,海拔 1 000～2 094 m,相对高差 300～600 m。南部在伏牛山北麓,海拔 1 300～2 100 m,相对高差 500～600 m,局部大于 1 000 m。山势高峻,分水岭狭窄、陡峭,山脊呈锯齿状,水系密度 1.2 km/km^2,小河谷发育。沟谷多呈 V 形,且多障谷。谷底纵坡降大,河流湍急,常见跌水坎。

(2)中低山地貌。分布于上述中低山陡坡地形外围,于县境中部呈东西向带状展布,海拔 500 ~ 1 500 m,相对高差 150 ~ 300 m。分水岭为狭长平衡屋脊状,山坡因岩性不同有别,沟谷也因岩性不同各异,沟谷纵坡降较大,常见一系列陡坎,部分地段沟谷内可见零星阶地发育。

(3)低山地貌。分布于合峪一带。由花岗岩和花岗斑岩组成,海拔 650 ~ 1 200 m,相对高差 150 ~ 300 m,因遭风化强烈,多为馒头状山包。沟谷多 U 形,谷坡平缓,坡角一般小于 20°。

(4)低山丘陵地貌。分布于潭头盆地,海拔 450 ~ 1 000 m,相对高差 50 ~ 200 m。主要由第三系岩层组成,由坳断盆地控制堆积而成。山脊宽阔平缓,山顶呈浑圆丘状,主要河谷多为箱形,谷底平缓。

(5)河谷平原阶地漫滩地貌。位于伊河、清河河谷地带。区内阶地可划分为三级,其中Ⅲ级阶地高出河床 200 ~ 300 m,Ⅱ级阶地高出河床 100 ~ 120 m,在较大河谷及支流两岸多有分布。

第二节　气象水文

一、气象

栾川县属暖温带大陆性季风气候。据栾川县气象站 1957 ~ 2010 年资料,年平均气温 12 ℃,极端最高气温曾达 40.2 ℃(出现在 1966 年 6 月 20 日),极端最低气温 - 20 ℃(出现在 1954 年 1 月 25 日)。县境内海拔悬殊,气温差异较大。东北部潭头一带年平均气温 13.7 ℃。县境西部的冷水镇,年平均气温 9.2 ℃。县境中部地区平均气温介于 12 ℃左右,年平均地面温度为 14.2 ℃,较年平均气温高 2.2 ℃,地面温度冬夏悬殊较大,夏季白天可高达 69.4 ℃,冬季白天可降至 - 23.4 ℃,最大冻土深度 24 cm。

根据栾川县气象站降水资料(见表 2-1),全县年平均降水量为 818.7 mm,最大年降水量为 1 370.4 mm(1964 年),最小年降水量 564.9 mm(1991 年),年际变化较大,并且年内分配不均匀,降水多集中在 6 月、7 月、8 月、9 月四个月,占全年降水量的 64.3%,而 7 月、8 月两个月降水量占全年的 40.6%。降水量区域分布上的差异是南川大于北川,深山多于浅山。南川的庙子、栾川、陶湾等地,年均降水量 800 mm 以上。北川的潭头,气温高而降水较少,年均降水量 737.9 mm。深山区的白沙洞等地,年均降水量 941 mm。几个具有代表性地区的年均降水量为:栾川 872.6 mm,白沙洞 941 mm,庙子 871.3 mm,陶湾 828.4 mm,狮子庙 744 mm,潭头 737.9 mm,合峪 762 mm,秋扒 604.4 mm,白土 713 mm,叫河 764.7 mm,栾川县多年平均降水量等值线见图 2-2。

由于县境内气候差异,形成三个小气候带:一为东北部潭头,海拔 462 m,气候温热,平均气温 13.7 ℃,降水量 737.9 mm,光热较充足,为东北部热温带;二为中南部城关等地,海拔 750 m,气候温凉湿润,年均气温 12 ℃,降水量 872.6 mm,日照时数 2 101 h,为中南部温凉湿润带;三为西部三川、冷水等地,海拔 1 250 m 以上,气候寒凉湿润,年均气温 9.4 ℃,降水量 750 mm 左右,光照不足,无霜期短,冬季长达 150 d 以上,为西部寒湿润带。

表 2-1　栾川县气象站历年降水特征一览表

年份	年降水量 （mm）	降水量 （mm）				最大降雨强度 （mm）			
		6 月	7 月	8 月	9 月	1 h	3 h	6 h	12 h
1957	819.4	134.5	399.5	31.0	20.2				
1958	857.2	142.0	461.9	196.3	57.0				
1959	854.0	160.5	193.6	147.3	52.2			75.9	
1960	814.4	57.5	251.3	132.7	116.0			84.0	
1961	828.7	140.1	55.6	80.9	198.5			116.6	
1962	840.8	73.1	146.5	288.7	100.2			78.3	
1963	788.2	74.0	137.9	172.5	97.2	21.5		32.5	
1964	1 370.4	46.1	288.1	172.8	245.0	42.6		45.9	
1965	989.6	52.9	299.6	264.3	25.6	36.2		69.7	
1966	661.3	43.6	201.7	93.2	42.5	40.9		90.2	
1967	1 071.3	114.3	250.6	170.5	156.9	23.0		56.1	
1968	832.4	28.6	112.3	145.2	273.8	14.3		48.8	
1969	586.9	20.7	93.3	78.1	167.6	17.0		36.1	
1970	883.5	122.6	224.2	80.5	144.1			46.7	
1971	1 012.6	233.6	101.9	170.6	59.8	37.8			
1972	640.6	50.9	136.0	83.6	76.7	25.9			
1973	730.3	22.0	283.0	51.8	61.4	14.2			
1974	771.3	78.8	75.6	140.5	62.8	26.3			
1975	946.1	49.0	117.9	259.1	234.7	16.3			
1976	610.8	35.0	195.8	68.8	78.6	25.3			
1977	777.1	74.0	205.8	145.8	34.0				
1978	671.4	96.6	278.3	46.3	42.4				
1979	964.2	129.5	196.0	334.3	162.7				
1980	900.9	150.2	200.2	144.9	59.0				
1981	797.4	143.9	175.9	176.7	91.0	25.4	41.5	50.9	77.7
1982	820.1	66.7	262.1	168.4	82.7	20.5	36.0	54.7	78.8
1983	1 112.4	98.5	174.3	184.8	150.1	40.8	45.8	46.6	53.8
1984	1 107.6	114.6	206.8	123.4	361.2	51.7	56.7	56.8	82.4
1985	878.9	58.8	38.2	120.5	177.9	26.2	33.2	44.8	59.5
1986	674.0	79.1	157.4	95.8	105.7	22.6	38.0	41.5	60.6
1987	740.3	169.7	72.3	100.4	59.7	21.9	29.9	41.5	51.1
1988	776.6	16.1	196.2	213.4	59.7	21.5	26.4	31.0	55.9
1989	829.6	100.0	179.5	148.0	69.8	28.7	40.8	41.1	48.7
1990	781.5	194.7	135.2	68.0	53.6	19.8	36.3	66.3	69.7
1991	564.9	87.8	82.1	70.7	56.0	32.0	36.8	36.8	40.8
1992	680.8					24.6	29.5	29.6	29.6
1993	854.6	148.7	86.1	147.7	44.5	38.6	47.8	63.9	73.6
1994	798.3	196.8	235.9	35.7	44.6	97.4	116.8	117.2	117.9

续表 2-1

年份	年降水量（mm）	降水量（mm）				最大降雨强度（mm）			
		6 月	7 月	8 月	9 月	1 h	3 h	6 h	12 h
1995	773.2	24.8	199.5	276.9	25.4	51.1	57.4	57.4	57.4
1996		101.4	219.3	196.0	220.4				
1997		63.9	129.7	12.3	106.1				
1998		37.7	209.4	287.3	131.0				
1999		75.1	67.2	113.6	68.3				
2000	958.5	303.3	18.21	181.7	103.5				
2001		112.3	265.1	55.7					

降雨强度是激发泥石流等地质灾害的主要因素之一。从现有资料看,1 h 最大降雨强度为 97.4 mm,3 h 降雨强度为 116.8 mm,6 h 降雨强度为 117.2 mm,12 h 降雨强度为 117.9 mm。虽然 1 h 最大降雨强度较大,但其频率较低(约 100 年一遇),一次降水量较小。自清嘉庆十八年(1813 年)至 2001 年的 189 年中,发生严重暴雨洪水灾害计 42 次,其中 1848 年、1937 年、1953 年、1954 年、1982 年最为严重,暴雨洪水多为一年两次或数次。20 世纪 60 年代之后,由于森林面积减少,洪水灾害较为频繁。1957～1989 年的 33 年中,共出现暴雨洪水灾害 72 次,年均 2.25 次,其中出现于 7 月的 29 次,占总数 40.3%,出现于 8 月的 15 次,占 20.8%。就历史上洪涝灾害情况,以赤土店、大清沟、城关、庙子、陶湾、石庙、狮子庙、潭头等暴雨较多。最近 10 余年间,因森林植被的逐渐恢复,洪水灾害已趋减少。

二、水文

栾川县境有伊河、小河、明白河、淯河四条较大河流,大小支流总计 604 条,河网密度大。

(1)伊河:古名鸾水,源于陶湾三合村闷顿岭,经陶湾、石庙、栾川、城关、庙子、大清沟,至潭头汤营村伊河出境处,境内总长 113 km,流域面积 1 053 km²。源头至庙底、两河口至古城段均为峡谷地带,水势湍急,其余为东西流向,山势平缓,河道开阔。据栾川水文站资料,最大洪峰流量为 1 370 m³/s(1954 年 8 月),流量最小为 1976 年的 23.4 m³/s,一般年份为 200 m³/s。洪水含沙量最多为 1981 年,达 210 kg/m³,最少为 1984 年,含沙量为 31.6 kg/m³,一般年份为 100 kg/m³。伊河支流长于 10 km 以上者有:陶湾南沟、陶湾北沟、七姑沟、石宝河、大南沟、栾川北沟、洪洛河、通伊河。

(2)小河:古名庸水,源于白土镇铁岭村庙子沟,自西向东流经白土镇、狮子庙镇、秋扒乡至潭头断滩村汇入伊河,长 44 km,流域面积 616 km²,河床宽度 50 m 左右,年均径流量 1.38 亿 m³,其支流长于 10 km 以上的有白土河、羊道河、龙王撞沟等。

(3)明白河:源于嵩县车村明白川的暮糊山,由合峪镇钓鱼台村南 2 km 处入境,至庙湾村北 2 km 处出境入嵩县,至前河汇入伊河。南北流向,长 55 km,县境内长 32.5 km,境内流域面积 236 km²,河床宽度 40 m 左右,年均径流量 0.94 亿 m³。

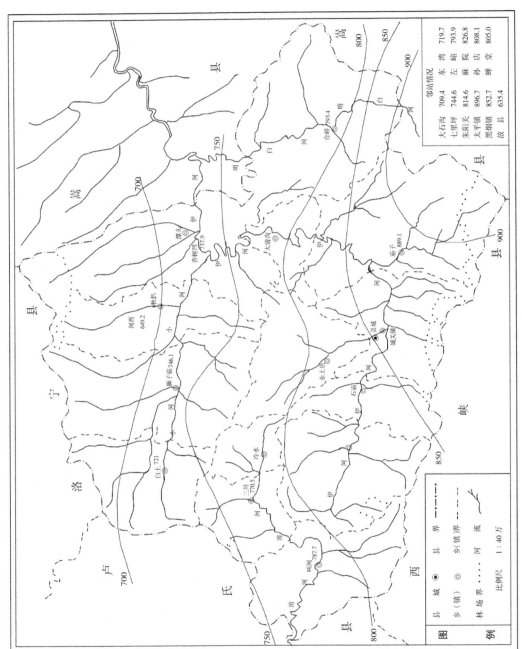

图2-2 栾川县多年平均降水量等值线

（4）清河：源于骆驼山下的南泥湖，初由东向西奔流，至三川南折，经叫河镇新政村出境入卢氏县，属长江流域，境内全长 55.6 km，境内流域面积 280 km²，河床宽度 20 m 左右，年均径流量 0.83 亿 m³。

三、植被生态

栾川县位于河南省西南部，跨越伏牛山北麓、熊耳山南麓，以中低山为主，植被发育，有大量的野生动物活动，自然生态良好。

栾川林业兴旺，除伊河两侧及宽阔的沟谷内有农田分布外，其他山地均被林地覆盖。全县林业用地 240 万亩，占总面积的 64.7%，有木本植物 87 科 270 余种，主要树种有油松、落叶松及栎木等，野生藤蔓植物繁多，植被保护好，森林覆盖率 78.9%，林木年生长量 9 万 m³，年出材量 3 万 m³。

第三节 地层岩性

一、地层

根据中南地区地层区划，栾川县属华北地层区豫西分区，跨越熊耳山小区和伏牛山小区。出露地层有：太古界太华群、下元古界宽坪群、中元古界长城系熊耳群、中元古界蓟县系官道口群和栾川群、上元古界青白口系陶湾群、古生界奥陶系二郎坪群、新生界下第三系和第四系。

（一）太古界太华群（Arth）

栾川县太华群主要出露于大清沟一带。此外，在康山、白土王练沟口，瓮峪—鸭石街、重渡等地有零星分布，为一套深度变质岩系，由黑云斜长片麻岩、混合片麻岩及均质混合岩组成，总厚 1 537 m。自西北向东南混合岩化程度增高。

（二）下元古界宽坪群（Pt₁）

该地层分布于老界岭北麓，伊河以南。下部被伏牛山花岗岩吞蚀，上部被叫河—陶湾大断裂断开，与北部青白口系不同层位呈断层接触。下部红崖沟组由片岩类、角闪岩及石英大理岩组成，厚 1 154～1 531 m；上部叫河组分布于叫河—盐店一带，面积仅 5 km² 左右。

（三）中元古界长城系熊耳群（Pt₂ch）

该地层为一套中基—中酸性熔岩，夹少量火山碎屑沉积岩，分布于县境北部。马超营断裂北部地层厚度巨大，层序清楚，而马超营断裂以南则接近喷发、溢流边缘，厚度变薄，层序凌乱，自下而上分为五个岩性组合：磨石沟组、张合庙组、焦园组、坡前街组和眼窑寨组，累计厚度达 7 653 m。

（四）中元古界蓟县系官道口群（Pt₂jx）

该地层为一套浅海沉积的镁质碳酸盐岩夹滨海碎屑岩组合，呈超覆或平行不整合覆于熊耳群火山岩之上。本区分布于南天门断裂以南，在井峪沟—雁关岭、三官庙—无影山一带呈断块出露。由于断裂、褶皱影响，造成该地层多次重复、缺失和倒转，沿马超营断裂呈巨大岩块充填于断裂带之中。出露面积约 165 km^2，总厚度达 2 283 m。

（五）中元古界蓟县系栾川群（Pt$_2$jx）

该地层分布在三川—栾川一带，走向由北西西转向北西，成一弧形，长约 60 km，宽 9 km 左右。北侧整合于官道口群之上，南侧与上覆陶湾群为假整合或断层接触，构成由北至南层位逐次升高的褶皱、断裂带，总厚 1 758 m。除底部白术沟组为陆源碎屑沉积外，其上三川组和南泥湖组均代表由浅海陆源到碳酸盐岩的沉积旋回，煤窑沟组为浅海陆源碎屑沉积到富含生物礁及有机质的钙镁碳酸盐海盆地沉积。

顶部大红口组的大规模火山沉积到鱼库组碳酸盐岩沉积组成栾川群最上部的一个沉积旋回。

（六）上元古界青白口系陶湾群（Pt$_3$Qn）

该地层分布于四棵树—三岔口—石庙以南，呈倒转产状假整合于栾川群鱼库组之上。南部沿叫河—陶湾—石坪大断裂与宽坪群接触。出露范围东西长约 40 km，东窄西宽，一般宽 3～7 km，面积约 220 km^2，总厚 1 868.5 m。下部三岔口组为碎屑沉积，中部风脉庙组为黏土沉积，上部秋木沟组为碳酸盐沉积。

（七）古生界奥陶系二郎坪群（Oede）

该地层在老君山岩体以南以及栗树沟至羊角山一带有部分出露，为一套中酸性海相火山岩。本区仅出露二进沟组，分布在羊角山—老虎沟一带。同其他地层呈断层接触，厚度大于 820 m。

（八）新生界下第三系（E）

该地层主要分布于本区东部的秋扒、潭头一带，构成潭头盆地的一部分，另外在狮子庙石窟沟马超营断裂带内有部分出露，西部叫河桃林一带有小面积分布，出露面积共约 50 km^2。由山间断陷盆地形成的河湖相沉积物，覆盖于熊耳群之上，南界为马超营断裂控制。总厚大于 1 714 m。

（九）新生界第四系（Q）

由于地形切割强烈，多属幼年期河谷，第四系不甚发育。除潭头盆地覆盖面积较大外，多沿伊河、小河谷及其两侧零星分布。它包括更新统、全新统两部分。其中，更新统组成伊河、小河的二、三级阶地，全新统则分布于现代河床及一级超河漫滩阶地。潭头盆地厚度达 28 m。

二、岩浆岩

栾川县岩浆岩分布广泛，种类较多，时间上跨越元古界、古生界及中生界，具多旋迴和多期次特征，集中分布于县境南部和东南部，中部一带岩浆活动相对较弱，仅有岩株、岩脉等侵入，其中合峪岩体抗风化能力较弱。

第四节　地质构造及地质运动

一、地质构造

栾川县在大地构造位置上位于华北地台南缘与秦岭褶皱系北侧衔接部位。根据区内地质构造特征,进一步分出三个二级构造单元:马超营断裂以北为华熊台隆;马超营断裂—陶湾断裂为洛南—栾川台缘褶皱带;陶湾断裂以南为北秦岭下元古褶皱带(见图2-3)。

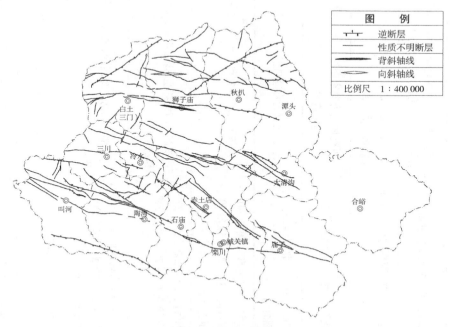

图2-3　栾川县构造略图

(一)褶皱构造

栾川县盖层褶皱构造主要属于加里东期褶皱,分布普遍,规模较大,奠定了本区构造格架(见表2-2)。

(二)断裂构造

本区经历多次构造运动,不同时期、不同性质、不同规模、不同方向的断裂极为发育。其中,以北西西向和北东向为主,次为北北东向、北北西向及南北向。叫河—陶湾—后坪断裂为华北地台和秦岭褶皱系的分界(见表2-3)。

(三)喜山期断陷盆地

在本区东部秋扒—潭头一带,为第三系断陷盆地。沿马超营北西西断裂带展布。区内长14 km,宽3~4 km。自下雁坎,经秋扒、潭头,向东延出县境,总体走向近东西。该盆地内出露地层自北而南由老至新,厚度逐渐增大。反映了这一断陷带接受沉积的古构造条件——北浅南深。在盆地南部接受沉积时,是边下陷边沉积,故地层厚度较大,形成掀斜式盆地。

二、新构造运动与地震

新构造运动在区内有明显的反映,其主要表现形式为大面积的振荡或抬升。

(1)区内较大河流(伊河、淯河等)河谷普遍发育有三级阶地。

表2-2　栾川县主要褶皱构造一览表

名称	范围及规模	产状	地层组合
韩沟—李子坪向斜	轴线经韩沟至李子坪,长约22 km,宽6~15 km	两翼倾角30°~50°,对称开阔	两翼地层由熊耳群张合庙组、焦园组、前街组组成,北翼尚有官道口群
重渡—三门背斜	轴部由重渡经敖脚店至椴树,长38 km,波及5~13 km	轴部走向NNW,两翼均倾向NNE,倾角45°~60°	核部为太华群和张合庙组耳群和官道口群,两翼为官道口群
五指头—岭根向斜	东起摩天岭,经五指头,西至河西,东西长约20 km,南北宽3~4 km	轴面北倾,倾角60°,为倒转向斜	两翼地层为泥家园组、巡检司组,核部为杜关组和冯家湾组
崔家—三岔背斜	轴线经崔家—北沟—庙子沟—三岔等地,长约15 km,宽1~3 km	走向103°,为一向北倾斜、向南倒转的同斜背斜	组成地层为官道口群
青和堂—庄科背斜	分布在三道庄—青和堂—庄科一带,轴线展布方向310°	北翼倾向30°~50°,倾角40°~60°;南翼倾向200°~220°,倾角30°~58°;轴面近直立	核部为白术沟组和三川组,两翼为南泥湖组
包头寨—南泥湖向斜	西起包头寨,向东经柳子村至南泥湖,北北西向展布,长约18 km,宽2~3 km	北翼倾向180°~200°,倾角37°~55°;南翼倾向0°~20°,倾角30°~60°	核部为南泥湖组、煤窑沟组,两翼三川组和白术沟组
大峪岔沟—常湾背斜	轴向长5 km,宽2 km	轴向近东西,北翼倾向20°~30°,倾角45°~57°;南翼倾向200°~230°,倾角40°~80°	核部由三岔口组组成,两翼风脉庙组和秋木沟组
增河口—石宝沟北向斜	上房南沟以西,长10.5 km,宽1~2 km	轴向NWW,枢纽东高西低,向西倾伏	核部地层为煤窑沟组,两翼为南泥湖组
黄北岭—石宝沟背斜	长19 km,宽4 km	轴向NWW—NW,轴西为NE60°,南翼大部倾转	核部地层为白术沟组和三川组,两翼为南泥湖组和煤窑沟组

表2-3　栎川县主要断裂构造一览表

名称	范围及规模	产状	断层性质及体系归属	断层带特征
叫河—陶湾—后坪断裂	西自卢氏入境,东延至南召,方城,区内长58 km。为华北地台与秦岭褶皱系的分界,断裂带宽一般20~50 m	走向290°~300°,倾向NNE,局部SSW,倾角60°~80°	经历压—压扭—微张—压扭的转变过程,以压为主,属纬向构造带	沿断裂裂带形成规模巨大的挤压片理化带和构造角砾岩带,带中有不同期正长斑岩,花岗斑岩侵入
马超营断裂	东起潭头,向西经马超营,延至卢氏,区内长46 km,由多条近平行断裂组成	倾向以北为主,倾角50°~80°	多期活动,压性为主,属纬向构造带	沿断裂裂带形成规模巨大的火山岩,白云岩共体及挤压片理化带,构造角砾岩带
南天门—小重渡断裂	区内长30 km	走向270°~300°,倾向N,倾角50°~80°	力学性质以压为主,属纬向构造带	断裂带宽数十米至上百米的挤压片理化带
上牛栾—截岭沟断裂	上牛栾以西延至卢氏境内,东至截岭沟并于陶湾大断裂,区内长25 km,断裂带宽20~100 m	走向280°~290°,倾向N,倾角70°~80°	压性为主,具多期活动,属纬向构造带	形成压碎角砾岩带,两盘为陶湾群
芦沟岭—石庙断裂	长22 km	倾向N,倾角61°~78°	压性为主,属纬向构造带	沿断裂裂带形成正长斑岩脉,大理岩侵入
蛤蟆岭—桦皮庵断裂	西自九里沟,向南东方向延伸,长32 km,宽数米至百余米	走向280°~310°,倾向NNE,倾角60°~85°	压性为主,属纬向构造带	沿断裂带多有片理化黑云正长岩脉入侵,切割宜道口群
坡前街—大沟河断裂	西起坡前街,走向南东东,区内长20 km,断裂带宽数十米至百米	走向290°~300°,倾向NNE,局部SSW,倾角60°~80°	压性为主,属纬向构造带	带内挤压片理,压性角砾岩,糜棱岩等发育

续表 2-3

名称	范围及规模	产状	断层性质及体系归属	断层带特征
花园—上宫断裂	南自康山星星，经花园延至洛宁上官，区内长 17 km，断带宽 10 ~ 150 m	走向南东东，倾向 SW，倾角 60° ~ 90°	压扭转，华夏构造体系	带内岩石强烈破碎，具挤压片理
焦园断裂	白自子庙阴坡，经焦园，丁家园延出图外，区内长 22 km，断裂带宽数十米至百余米	倾向 NW，走向 50° ~ 70°，倾角 50° ~ 70°	压扭转，华夏构造体系	压性角砾岩、糜棱岩、破裂岩及构造透镜体
东坪断裂	南自狮子庙坪台沟，经东坪、坡前衔林场延出本区，区内长 8 km，断带数十米至 80 余 m	走向 50° ~ 85°，倾向 NW，倾角 50° ~ 80°	压扭转，华夏构造体系	构造角砾岩、糜棱岩等
石宝沟—庄科断裂带	南起石宝沟和鱼库，经庄科至青和堂，长 6 km，宽 2 ~ 3 km，由一系列断层组成	走向 40° ~ 70°，倾向 NW，倾角 72°	张性—压扭转，属华夏构造体系	沿断裂带形成宽窄不等的角砾岩带
黄背岭—南泥湖—马圈断裂带	位于区域构造线弧形转折部位，长 10 km，宽 3 km，由数条断裂组成	走向 25°，倾角 80°，倾向 SE	张性—压扭转，属新华夏构造体系	早期张性角砾岩及挤压片理化带宽 1 ~ 2 m
卢峪沟—三川—老庙沟断裂带	包括桃岔和三川一带的北东-北东向断裂	走向 25°	张—压扭—扭转，属新华夏构造体系	北宽南窄，北部为张性砾岩，南部则为挤压片理化构造
三水沟断裂	位于土椴树南三水沟，长 4 km 左右，断带宽 10 ~ 20 m	走向 23° ~ 25°，倾向 NWW，倾角 70° ~ 85°	张—压—扭转，属新华夏构造体系	早期张性角砾岩中形成一系列平行的劈理，片理和压扭性裂面

（2）区内次级水系所形成沟谷，基本上为 V 形谷，部分地段为峡谷或障谷。

（3）在碳酸盐岩分布区，有三层溶洞发育，溶洞的成层性发育与河谷阶地相对应。

（4）现代地壳仍在断续上升，1955～1972 年大地水准测量结果表明，老君山、石人山一带平均每年上升 2～3 mm。

栾川地跨两个一级构造单元，台槽分界线均为深大断裂，且有长期活动的特点。据史料记载，分别发生于 1556 年和 1615 年的陕西华县和卢氏地震均波及栾川。1956～1970 年，栾川共发生有感地震 6 次，最大震级 2.6 级。根据 2001 年版中国地震动参数区划图，本区地震烈度大部分处于 6 度区，仅陶湾断裂南部为 5 度区。

第五节　岩土体类型及特征

根据本区各类岩土体工程地质特征，划分为如下八类工程地质岩组（见图 2-4）。

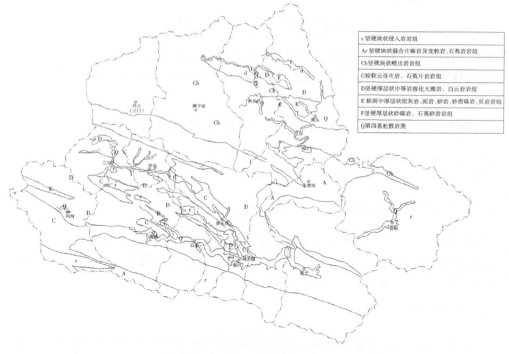

| r 坚硬块状侵入岩岩组 |
| Ar 坚硬块状混合片麻岩及变粒岩、石英岩岩组 |
| Ch 坚硬块状喷出岩岩组 |
| C 较软云母片岩、石英片岩岩组 |
| D 坚硬厚层状中等岩溶化大理岩、白云岩岩组 |
| E 软弱中厚层状泥灰岩、泥岩、砂岩、砂质砾岩、页岩岩组 |
| F 坚硬厚层状砂砾岩、石英砂岩岩组 |
| Q 第四系松散岩类 |

图2-4　栾川县工程地质岩组分布图

一、坚硬块状侵入岩岩组（r）

该岩组为花岗岩为主，闪长岩、纯橄榄岩、辉长岩次之，分布在伏牛山北麓和合峪、庙子一带，分别称为"老君山岩体"及"合峪岩体"，另在三川至栾川一带呈断续岩脉、岩株产出。细至粗粒结晶，岩石致密坚硬，较完整，抗压强度 1 320～2 000 kg/cm²，抗风化能力较弱，一般风化带厚 1～5 m。局部节理及构造裂隙发育的风化带厚 20～25 m。

二、坚硬块状混合片麻岩及变粒岩、石英岩岩组(Ar)

该岩组集中分布于大清沟一带,另在康山等有零星出露,岩石致密、坚硬,抗压强度高,抗风化能力较弱,风化带一般厚 2～5 m,局部厚 6～10 m。

三、坚硬块状喷出岩岩组(Ch)

该岩组中基—中酸性熔岩,夹少量火山碎屑沉积岩,岩性为安山岩、玄武安山岩、流纹斑岩及凝灰岩,厚度巨大,岩体完整、细、致密、坚硬,抗压强度高,抗风化能力强。

四、较软云母片岩、石英片岩岩组(C)

该岩组包括 Pt1h、Jxb、Jxn2、Qnf、Jxdh 等,岩性为绢云石英片岩、二云石英片岩等,多呈薄层状产出,位于三川—栾川向斜侧翼,构造裂隙发育,力学强度具各向异性,片理方向力学强度降低,易风化开裂。

五、坚硬厚层状中等岩溶化大理岩、白云岩岩组(D)

该岩组包括 Pt1j、Jxl、Jnx、Jxd、Jxf、Jxs、Jxn2、Jxm、Jxy、Qnq 等,分布于三川—栾川复式褶皱带,岩体完整、致密、坚硬,抗压强度 1 200～2 300 kg/cm²,抗风化能力强,溶洞发育,具软弱夹层。

六、软弱中厚层状泥灰岩、泥岩、砂岩、砂质砾岩、页岩岩组(E)

该岩组集中分布于秋扒—潭头盆地,岩质较弱,抗压强度 35～300 kg/cm²,易风化,页岩力学强度具各向异性,软化系数 0.10～0.40。

七、坚硬厚层状砂砾岩、石英砂岩岩组(F)

该岩组集中分布于县境北部马超营断裂北侧,由 Jxg、Jxn 等组成,以砂粒岩、石英砂岩为主,砾岩、石英岩次之。岩体一般较完整、致密、坚硬,抗风化能力强,但具软弱夹层。抗压强度 650～1 600 kg/cm²。

八、第四系松散岩类(Q)

该岩组区内中上更新统构成伊河、小河两侧的Ⅱ、Ⅲ级阶地,中更新统为黄土层,而上更新统为砂质黏土。全新统则为松散砂粒石层及淤泥,分布于现代河床及一级超漫滩阶地。

第六节　水文地质

栾川县以中低山地貌为主,岩石多裸露地表,岩体中各种裂隙控制着地下水的分布和富水程度。浅部裂隙发育较好地段,地下水沿着裂隙,或渗而成泉,或涌出成溪,汇而成河。

县境内主要地下水类型有松散岩类孔隙水、碎屑岩类孔隙裂隙水、碳酸盐岩类岩溶裂隙水、基岩裂隙水。

（1）松散岩类孔隙水：主要分布在沟谷和盆地沟谷两侧，由第四系亚砂土、亚黏土和砂卵石组成，主要接受山区基岩地下水径流补给和大气降水入渗补给，一般地下水比较丰富。

（2）碎屑岩类孔隙裂隙水：主要分布在潭头断陷盆地内。由新生界下第三系红色碎屑岩组成，构成低山丘陵地貌。因其成岩及胶结作用较差，构造裂隙不发育。近地表有风化裂隙带，含孔隙裂隙水，泉流量 0.1 ~ 1.01 L/s。

（3）碳酸盐岩类岩溶裂隙水：位于三川—栾川复向斜核部，由中下元古界白云岩及大理岩构成，因处于新华夏系构造带与近东西向构造带复合部，断裂构造交错展布，岩层构造裂隙和岩溶发育，在构造有利部位易形成地下水富水带，如栾川乡双堂村鸡冠洞及石庙镇天鼓山一带的岩溶地下水系统，涌水量可达 11.9 ~ 13.5 m³/d。

（4）基岩裂隙水：可分为两类：一为层状岩类裂隙水，主要分布在瓮峪—马超营以北大部地区和伏牛山北坡，分别由长城系变质火山岩和蓟县系变质碎屑岩组成，富水性较弱。二为块状岩类裂隙水，由元古代及中生代各类侵入岩组成，其中以中生代花岗岩分布最广，其余呈零星分布。该岩类裂隙贮水构造，一般以次生构造带节理为主，节理密集带为贮水场所，富水性极弱，泉流量 0.01 ~ 0.05 L/s。

境内热水泉点较为著名的有潭头汤营温泉，流量 30.6 m³/h，水温 69 ℃，矿化度为 0.915 g/L，现已辟为游览、避暑、疗养胜地。

地下水补给来源为大气降雨，沿裂隙运移至低洼处出露成泉，每年 8 ~ 10 月为地下水高水位期，3 ~ 5 月为地下水低水位期，高低水位相差 1 ~ 3 m。

第七节　人类工程经济活动特征

栾川县随着国民经济的高速发展，充分利用自然资源提高经济发展速度的过程中，对自然资源的破坏日益严重，人类的工程活动主要有以下几个方面。

一、矿业开采

栾川县矿产资源丰富，主要有钼、铁、白钨、铅、锌、硫、金、镁、萤石、铜、水晶、石煤等。尤以钼矿最为丰富，现有三道撞、南泥湖、上房沟三处大矿区及 10 余处小矿点。这些钼矿床品位之富、厚度之大、储量之多，属国内罕见。

全县共有登记在册的各类经济性质矿山企业 171 家，其中大型矿山企业 1 家，中型 4 家，小型 11 家，小矿 155 家。

栾川县矿产开发占用土地总面积 25 999 hm²，因露采破坏土地总面积 163.0 hm²，其中包括林地 43.3 hm²、草地 0.2 hm²、耕地 36.7 hm²、其他 82.8 hm²。

矿山开采表现为露天开采和井下开采两种方式。洛钼集团在冷水与赤土店、石庙交汇处就分布三个直径约 1 km、坑壁高约百米的露天采坑（见图 2-5 ~ 图 2-7），井下开采对土地的压占破坏及对地质环境的影响主要有两个方面：一是矿区地表塌陷，二是废渣及采矿场压占。

栾川矿业开采历史悠久,县境内各类古采洞口 200 余处,古冶炼遗址 30 余处,现有 43 处规模比较大的废渣堆放点。大大小小的尾矿库不记其数,仅石庙镇就分布 13 处尾矿库(见图 2-8 和图 2-9)。固体废弃物的乱堆乱放(见图 2-10)、尾矿库的堆放占用土地,破坏地形地貌景观,易导致泥石流的发生。

图 2-5　洛钼集团露天采坑远景

图 2-6　洛钼集团冷水东侧露天采坑

图 2-7　洛钼集团赤土店羊圈村露天采坑

图 2-8　洛阳富川矿业尾矿库

图 2-9　干涧沟内尾矿库

图 2-10　冷水东南侧露天废渣堆

野外调查所发现的尾矿库、废矿渣堆及采矿场等矿业活动场所见表 2-4。

总之,栾川县的矿山开采活动对自然环境破坏严重,引发崩塌、滑坡、泥石流及地面塌陷、地裂缝等地质灾害,威胁着人们的生命财产安全。

表 2-4　栾川县矿业活动一览表

序号	地理坐标	矿业活动分类分类	面积(m²)
1	33°50′12″,111°28′36″	尾矿库	2 400
2	33°49′41″,111°29′02″	尾矿库	3 200
3	33°48′57″,111°28′14″	尾矿库	4 800
4	33°48′27″,111°26′32″	尾矿库	3 000
5	33°53′27″,111°22′32″	矿渣堆	4 000
6	33°50′58″,111°29′37″	采矿场	6 000
7	33°52′14″,111°29′44″	采石场、废石堆	1 500
8	33°51′48″,111°29′22″	尾矿库	2 400
9	33°53′25″,111°28′17″	尾矿库	3 500
10	33°54′48″,111°27′55″	尾矿库	5 600
11	33°53′19″,111°27′48″	尾矿库	16 000
12	33°47′31″,111°30′04″	尾矿库	23 000
13	33°49′59″,111°29′57″	尾矿库	5 600
14	33°49′52″,111°32′00″	尾矿库	24 000
15	33°47′52″,111°16′19″	选矿场	3 000
16	33°47′52″,111°36′35″	尾矿库	3 500
17	33°47′46″,111°37′11″	垃圾堆场	45 000
18	33°47′38″,111°37′58″	废石堆场	4 800
19	33°51′03″,111°38′20″	废石堆场	2 400
20	33°48′43″,111°38′57″	废石堆场	4 000
21	33°48′00″,111°38′12″	碎石堆场	24 000
22	33°48′06″,111°40′39″	采石场	4 800
23	33°46′11″,111°39′44″	废石渣堆	3 500
24	33°46′20″,111°39′26″	尾矿库	6 000
25	33°46′38″,111°39′00″	尾矿库	30 000
26	33°47′43″,111°46′30″	尾矿库	7 200
27	33°50′57″,111°46′19″	采矿废石堆	1 200
28	33°48′50″,111°48′58″	尾矿库	4 200
29	33°48′40″,111°49′15″	尾矿库	7 200
30	33°48′59″,111°50′06″	采矿场	3 000
31	33°48′04″,111°51′56″	渣堆、采坑	5 000
32	33°46′51″,111°55′09″	尾矿库	4 000
33	33°46′41″,111°55′05″	采矿场	5 000
34	33°46′51″,111°54′44″	采矿场	40 000
35	33°46′41″,111°54′35″	采矿场	9 800
36	33°47′33″,111°55′49″	采矿场	4 800
37	33°54′06″,111°52′29″	尾矿库	16 000
38	34°02′40″,111°46′36″	石渣堆	2 800
39	34°01′55″,111°45′53″	石渣堆	2 400
40	34°02′18″,111°45′41″	尾矿库	12 000
41	34°03′32″,111°45′37″	石渣堆	15 000

续表 2-4

序号	地理坐标	矿业活动分类分类	面积（m²）
42	34°06′04″,111°37′20″	渣堆	5 000
43	34°01′37″,111°33′55″	采空塌陷	480 000
44	34°00′49″,111°33′00″	尾矿库	4 200
45	34°03′11″,111°25′05″	尾矿库	10 000
46	34°03′41″,111°24′07″	矿渣堆	4 000
47	34°03′44″,111°22′30″	尾矿渣堆	8 000
48	34°03′49″,111°20′42″	矿渣堆	12 000
49	33°55′10″,111°44′02″	废石堆	600
50	34°01′24″,111°27′03″	废石堆	4 000
51	33°53′18″,111°33′18″	尾矿库	300
52	33°55′04″,111°33′51″	废矿石	600
53	33°53′42″,111°32′56″	尾矿库	4 800
54	33°54′25″,111°31′26″	废矿渣	30 000
55	33°53′33″,111°29′42″	采石场、废矿渣堆	120 000
56	33°56′16″,111°19′17″	尾矿库	2 800
57	33°54′22″,111°21′51″	废矿渣	3 000
58	33°54′49″,111°21′17″	尾矿库	1 200
59	33°54′23″,111°22′59″	石渣堆	2 800
60	33°55′16″,111°23′05″	石渣堆	600
61	33°58′20″,111°21′36″	尾矿库	4 200
62	33°58′08″,111°22′23″	矿渣堆	3 000
63	33°56′35″,111°28′30″	尾矿库	4 000
64	33°56′43″,111°28′01″	矿渣堆	5 000
65	33°55′08″,111°28′35″	露天采坑	125 600
66	33°54′27″,111°26′12″	尾矿库	1 800

二、旅游区的建设

近年栾川县大力发展旅游事业,建立了伏牛山地质公园,开发了滑雪场、重渡沟、龙峪湾、养子沟、雪花洞等一大批旅游景点,在景区建设过程中,修建道路、建设景点往往会破坏植被并引发崩塌、滑坡等地质灾害。

三、交通建设

栾川县境内的道路有洛阳—栾川县快速通道、洛（阳）栾（川）高速公路（见图 2-11）,栾川县至各乡（镇）的小柏油路（见图 2-12）,各矿区通往县城的道路,这些道路大部分路段依山而建,在修建过程中,砌坡严重,不仅破坏植被,也会引发崩塌、滑坡、泥石流。

图 2-11　洛(阳)栾(川)高速公路修路切坡

图 2-12　赤土店镇花园村南侧修路切坡

四、城镇建设

受地形限制,村民建房多依靠坡根,切坡建房(见图 2-13),在民房后形成高低不等的陡坡,破坏了原有的力学平衡,常常会引发崩塌、滑坡,对民房安全构成威胁。

随着经济的发展、人们物质条件的改善,部分居民为改善生活条件而向栾川县城及各乡(镇)移居,造成县城及镇面积不断扩大,在城镇建设过程中,受地形限制,往往出现向河道、山坡扩展现象,出现开挖山坡建房引发崩塌、滑坡等地质灾害,在栾川县城西侧、石庙西侧出现在伊河高漫滩内建房的情况(见图 2-14 ~ 图 2-16),影响河道行洪,在极端降雨引发特大洪峰的情况下,对建筑安全构成威胁。

总之,栾川县人类工程活动较为强烈,尤其以矿山开采最为强烈。

图 2-13　民房切坡引发的滑坡

图 2-14　石庙西侧建在伊河高漫滩内的建筑

图 2-15　栾川县城南侧堆积在大南沟内的土体

图 2-16　栾川县东侧侵占河道现象

第三章 地质灾害特征

栾川县地处河南省西南部,地貌以中低山为主,夹沟谷,山体基岩出露,特殊的地质环境条件,决定了该区发育的地质灾害类型、发育程度,该区为滑坡、崩塌、泥石流等地质灾害的高发地区。不稳定斜坡主要由于山区修建公路、村民建房切坡等活动开挖形成的不稳定边坡;泥石流隐患多为开矿人为弃渣、沟内碎屑物自然堆积造成;地面塌陷由地下采空引起。

本次遥感解译出地质灾害点 182 个。对于重要地质环境点和已引起灾害或具有潜在危害的滑坡、崩塌、泥石流等地质灾害点均开展了实地调查,野外实地调查点 810 个,其中地质环境调查点 589 个、地质灾害(及隐患)调查点 221 个。

在全部地质灾害调查点中滑坡 191 处,占地质灾害点总数的 86.43%;崩塌 4 处,占1.81%;不稳定斜坡 12 处,占 5.43%;泥石流(隐患)13 处,占 5.88%;地面塌陷 1 处,占0.45%(见表 3-1)。

表 3-1 地质灾害统计表

灾害类型	数量(个)	百分比(%)
滑坡	191	86.43
崩塌	4	1.81
不稳定斜坡	12	5.43
泥石流(隐患)	13	5.88
地面塌陷	1	0.45
合计	221	100

第一节 地质灾害的类型

依据中国地质调查局《滑坡崩塌泥石流灾害详细调查规范》(1∶50 000)(DD 2008—02),结合实际调查情况,划分出调查区地质灾害的主要类型有:滑坡、崩塌、不稳定斜坡、泥石流(隐患)、地面塌陷五类,每类地质灾害又可按照不同的分类标准进一步划分。

一、滑坡

本次野外调查共发现滑坡 191 处,按照滑坡的物质组成、滑体厚度、发生原因、现今稳定程度、发生年代、滑坡体积等标准,将滑坡进行分类统计,统计结果见表 3-2。

表 3-2　滑坡分类统计

主要类型	划分依据	基本类型		不同类型灾害点数	占总数百分比（%）
		名称	指标		
滑坡	物质组成	滑坡堆积体滑坡	由前期滑坡形成的块石碎石堆积体，沿下伏基岩或体内滑动	0	0
		崩塌堆积体滑坡	由前期崩塌形成的块石碎石堆积体，沿下伏基岩或体内滑动	0	0
		黄土滑坡	由黄土构成，大多发生在黄土体中，或沿下伏基岩面下滑	0	0
		黏土滑坡	由具有特殊性质的黏土构成，如昔拉格达组、成都黏土等	78	40.8
		残坡积层滑坡	由基岩风化壳、残坡积土构成，通常为浅层滑坡	81	42.4
		人工填土滑坡	由人工开挖堆填弃渣构成，为次生滑坡	2	1.0
		近水平状滑坡	由基岩构成，沿缓倾岩层或裂隙滑动，滑动面≤10°	0	0
		顺层滑坡	由基岩构成，沿顺坡岩层滑动	8	4.2
		切层滑坡	由基岩构成，沿倾向向山外软弱面滑动，滑动面与岩层层面相切，且滑动面倾角大于岩层倾角	21	11.0
		逆层滑坡	由基岩构成，沿倾向坡外的软弱面滑动，岩层倾向山内，滑动面与岩层层面相反	0	0
		楔体滑坡	在花岗岩、厚层灰岩等整体结构岩体中，沿多组软弱面切割成的楔形体	1	0.6
	滑体厚度	浅层滑坡	<10 m	183	95.8
		中层滑坡	10～25 m	8	4.2
		深层滑坡	25～50 m	0	0
		超深层滑坡	>50 m	0	0
	发生原因	工程滑坡	以人类活动为主		
		自然滑坡	以自然因素为主		
	现今稳定程度	稳定滑坡	无活动特征	0	0
		基本稳定滑坡	有轻微活动特征	12	6.3
		不稳定滑坡	有明显活动特征	179	93.7
	发生年代	新滑坡	现今活动	189	99.0
		老滑坡	全新统以来发生	2	1.0
		古滑坡	全新统以前发生	0	0
	滑体体积	小型滑坡	$<10 \times 10^4$ m³	179	93.7
		中型滑坡	$(10～100) \times 10^4$ m³	12	6.3
		大型滑坡	$(100～1\ 000) \times 10^4$ m³	0	0
		特大型滑坡	$>1\ 000 \times 10^4$ m³	0	0

二、崩塌

本次野外调查共发现崩塌4处,按照物质组成、崩塌体积、形成机制等标准,将崩塌进行分类统计,统计结果见表3-3。

表3-3　崩塌分类统计

主要类型	划分依据	基本类型		不同类型点数	占总数百分比(%)
		名称	指标		
崩塌	物质组成	土质崩塌	发生于黄土中	1	25
		岩质崩塌	发生于基岩中	3	75
	崩塌体积	小型崩塌	3	4	100
		中型崩塌	$(1 \sim 10) \times 10^4$ m^3	0	0
		大型崩塌	$(10 \sim 100) \times 10^4$ m^3	0	0
		特大型崩塌	$>100 \times 10^4$ m^3	0	0
	形成机制	倾倒式崩塌	发育于黄土、直立或陡倾坡内的岩层内,受倾覆力矩作用而倾倒,结构面多为垂直节理、陡倾坡内直立层面,位于峡谷、直立岸坡及悬崖边	1	25
		滑移式崩塌	多为软硬相间的岩层,有倾向临空面的结构面,陡坡常大于55°,滑移面主要受剪切力作用而滑移	1	25
		鼓胀式崩塌	发育于黄土、黏土、坚硬岩层下伏软弱地层中,上部发育垂直节理,下部为近水平的结构面,发育于陡坡的边上,下部软岩受垂直挤压而鼓胀,伴有下沉、滑移、倾斜	0	0
		拉裂式崩塌	位于软硬相间的岩层,多为风化裂隙和重力拉张裂隙,发育于上部突出的悬崖,受拉张力作用而拉裂崩塌	2	50
		错断式崩塌	多位于坚硬岩层、黄土中,垂直裂隙发育,通常无倾向临空面的结构面,地形为大于45°的陡坡,由自重引起剪切力而错落崩塌	0	0

三、不稳定斜坡

本次野外调查共发现不稳定斜坡12处,按照滑坡的物质组成、不稳定斜坡体积、不稳定程度、引发原因,将不稳定斜坡进行分类统计,统计结果见表3-4。

四、泥石流(隐患)

本次野外调查共发现泥石流(隐患)13处,按照《滑坡崩塌泥石流灾害详细调查规范(1∶50 000)》(DD 2008—02)泥石流的分区、分型、分质等标准,将泥石流划分为山区泥石流、山前区泥石流、沟谷型泥石流、山坡型泥石流以及泥流、泥石流及水石流等亚类,并将泥石流按照亚类进行分类统计,统计结果见表3-5。

表3-4　不稳定斜坡分类统计

主要类型	划分依据	基本类型		不同类型点数	占总数百分比(%)
		名称	指标		
不稳定斜坡	物质组成	土质不稳定斜坡	发生于第四系松散层土中	2	16.7
		岩质不稳定斜坡	发生于基岩中	9	75.0
		土质—岩质滑坡	发生土层—基岩中	1	8.3
	不稳定斜坡体积	小型不稳定斜坡	$<1 \times 10^4 \ m^3$	5	41.7
		中型不稳定斜坡	$(1 \sim 10) \times 10^4 \ m^3$	6	50.0
		大型不稳定斜坡	$(10 \sim 100) \times 10^4 \ m^3$	1	8.3
		特大型不稳定斜坡	$>100 \times 10^4 \ m^3$	0	0
	不稳定程度	稳定性差的不稳定斜坡	坡度陡、地层完整性差的基岩,坡度陡的土质边坡	12	100
		稳定性较差的不稳定斜坡	坡度陡、地层完整性较差的基岩,坡度较陡的土质边坡	0	0
	引发原因	人为不稳定斜坡	人类活动引发的不稳定斜坡	12	100
		自然不稳定斜坡	自然因素引发的不稳定斜坡	0	0

表3-5　泥石流分类统计

主要类型	划分依据	基本类型		不同类型点数	占总数百分比(%)
		名称	指标		
泥石流	灾害分区	山区泥石流	堆积扇位于山区,逼近河流,发育不完全,常被大河切割,扇面纵坡陡。由于大河水位涨落的控制,泥石流一次充淤变幅大	13	100
		山前区泥石流	堆积扇位于山前区,逼近河流,发育完全,扇面纵坡较缓,离大河远,不受大河切割。以淤为主,充淤变幅小	0	0
	灾害分型	沟谷型泥石流	沟谷明显,流域可呈长条形、葫芦形或树枝形等。分为形成区、流通区和堆积区。形成区内有坍滑体,大型沟谷的支沟、卡口较多,呈束放相间河段。常沿断裂或软弱面发育,堆积区呈扇形或带状。堆积物磨圆度较好,棱角不明显	13	100
		山坡型泥石流	沟浅、坡陡、流短,沟坡与山坡基本一致,无明显流通区,面蚀、沟蚀严重,堆积区呈锥形。堆积物磨圆度差,棱角明显,粗大颗粒多搬运在锥体下部。山坡型泥石流的规模小、来势快、过程短、冲积力大,堆积物多为一次搬运	0	0
	灾害分质	泥流	由黏粒和粉粒组成,偶夹砂和砾石	0	
		泥石流	由黏粒、粉粒、砂粒、砾石、碎块石等大小不等粒径混杂组成,偶夹砂和砾石	2	15.4
		水石流	由砾石、碎块石及砂粒组成,夹有少量黏粒、粉粒	11	84.6

从上面统计表可以看出,该区泥石流类型均为山区泥石流,且均为沟谷型泥石流,绝大多数为水石流,局部为泥石流。这表明沟谷内松散堆积物以碎石、块石为主,黏性土少。

五、地面塌陷

本次发现 1 处地面塌陷,位于栾川县狮子庙镇红庄组,为红庄金矿的采空区,主要为地下采矿引发的地面塌陷。

第二节　地质灾害发育特征

一、滑坡

本次野外调查共发现滑坡 191 处,滑坡发育特征与调查区的地质环境条件密切相关,体现了明显的地域性。滑坡的特征可分为形态规模特征、边界特征、表部特征、内部特征等,分述如下。

(一)形态规模特征

1. 平面特征

调查区位于豫西南中低山区,植被发育,滑坡体积小、规模小,遥感影像图上不易识别,而规模较大的滑坡,经过几年后滑坡体上生长有灌木等林作物后,遥感影像图上也显示不出来。但从现场调查看,形态较为明显。

按照野外调查结果进行综合归纳,划分出滑坡的平面形态有半椭圆形、矩形、半圆形、长舌形、三角形、舌状滑坡等(见图 3-1 ~ 图 3-7),其中以半圆形、半椭圆形居多。

图 3-1　半椭圆形滑坡

图 3-2　矩形滑坡

2. 长度、宽度、厚度、坡度及发育标高

本次调查发现滑坡 191 处,对每个滑坡的长度、宽度和厚度数据进行统计,得出长度、宽度和厚度主要集中分布区间,以及最集中分布区。

长度:滑坡体长度跨度范围较大,自 3 ~ 800 m 都有分布,但主要集中在 21 ~ 100 m 范围内,共有 128 处,占实际调查滑坡总数的 67%。其中,21 ~ 50 m 的有 81 处,为实际调查滑坡总数的 42.4%;51 ~ 100 m 的有 47 处,占实际调查滑坡总数的 24.6%(见表 3-6)。

图 3-3　半圆形滑坡

图 3-4　长舌形滑坡

图 3-5　倒三角形滑坡

图 3-6　正三角形滑坡

图 3-7　舌状滑坡

表 3-6　滑坡长度分布区间统计

长度区间(m)	≤20	21~50	51~100	101~200	201~250	>250
数量(处)	38	81	47	19	2	4
占总数的百分比（%）	19.9	42.4	24.6	9.9	1.1	2.1

宽度:滑坡体的宽度跨度范围亦较大,从 3~300 m 都有分布,但 54.5% 都集中在小于或等于 50 m,有 104 处;51~100 m 的有 47 处,占实际调查滑坡总数的 24.6%(见表 3-7)。

表 3-7　滑坡宽度分布区间统计

宽度区间(m)	≤50	51~100	101~200	201~300	>300
数量(处)	104	47	33	7	0
占总数的百分比(%)	54.5	24.6	17.3	3.6	0

厚度:滑坡体厚度分布范围为 1.7~8 m,主要集中在 1.7~8 m 的有 183 处,占实际调查滑坡总数的 95.8%(见表 3-8)。

表 3-8　滑坡体厚度分布区间统计

厚度区间(m)	1.7~2.5	3~8	10~15	17~20	25~30
数量(处)	48	135	8	0	0
占总数的百分比(%)	25.1	70.7	4.2	0	0

坡度:通过统计,本区边坡坡度与滑坡有着密切的关系,发育滑坡的边坡坡度多为 30°~69°,见表 3-9。

表 3-9　边坡坡度分布区间统计

边坡坡度区间(°)	<9	10~19	20~29	30~39	40~49	50~59	60~69	70~79	>80
数量(处)	0	2	11	48	56	33	32	9	0
占总数的百分比(%)	0	1.0	5.8	25.1	29.3	17.3	16.8	4.7	0

发育标高:栾川县整个地势是西南高、东北低,最高处为栾川县城南侧的老君山主峰,海拔 2 200 m,最低点在县域的东北部、潭头镇东侧的伊河河谷,海拔 450 m,县域内地形复杂,高差大,从调查的 191 处滑坡统计,可以看出滑坡发育海拔为 500~1 400 m,主要发育海拔为 600~1 100 m,见表 3-10。

表 3-10　滑坡发育海拔分布区间统计

发育海拔区间(m)	400~500	500~600	600~700	700~800	800~900	900~1 000	1 000~1 100	1 100~1 200	1 200~1 300	1 300~1 400	1 400~1 500	>1 500
数量(处)	0	7	27	18	34	35	21	15	11	18	5	0
占总数的百分比(%)	0	3.7	14.1	9.4	17.8	18.3	11.0	7.9	5.8	9.4	2.6	0

3. 体积

从滑坡规模看,其大小主要是取决于面积的变化,而面积的变化又主要取决于宽度的变化,故宽度与滑坡规模具有很大关系。规模小的滑坡多偏窄,规模大的滑坡多较宽。就以上统计资料的长度、宽度和厚度数据,求得滑坡体积为 $20 \sim 3.6 \times 10^5$ m³,体积差别很大。体积小于 10 万 m³ 的小型滑坡有 179 处,占总调查滑坡总数的 93.7%,体积在 10万 ~ 100 万 m³ 的中型滑坡 12 处,占实际调查滑坡总数的 6.3%,本次调查的滑坡以小型滑坡为主。

(二)边界特征

1. 滑坡后壁

滑坡后壁是滑坡体最为主要的特征要素之一,其位置位于滑床后缘,位置较高。

由于该区滑坡多为坡积物、强风化层沿基岩面下滑,滑坡体积不大,滑坡体厚度小,因此形成的滑坡后壁高度不大,一般在 1 ~ 2 m,最大的达 5 m,后壁呈弧形,坡度在 40° ~ 80°,坡向与原坡向基本一致,顶部与原斜坡坡面相交,形成明显的坡度转折棱坎(见图 3-8 和图 3-9),滑坡越新转折越清晰。后壁中部坡高最大,向两侧弧形弯曲并降低。刚发生的滑坡后壁鲜亮、暴露明显。老滑坡经过风化、流水的侵蚀,后壁受破坏严重,其坡度变小,与周边斜坡接近,甚至不易被发现。有些位于缓坡上的浅层滑坡,由于后壁低、坡度小,滑坡后壁与边坡呈渐缓接触,后壁特征不明显。

图3-8　庙子镇龙王幢李家庄滑坡后壁陡坎　　　图3-9　平缓的滑坡后壁

另外,一些滑坡还没有明显滑动,处于蠕动变形阶段,滑坡后壁没有明显变形,往往形成了 1 ~ 3 道台阶状下座陡坎,高 0.3 ~ 0.8 m,呈开口朝向坡下的半圆弧形。新发生的陡坎往往伴有裂缝,几年后,经过风化、冲蚀及人类活动,这些下座陡坎的痕迹不明显。

有些滑坡变形小,在滑坡后缘产生拉裂缝,一般 1 ~ 3 道,宽 0.2 ~ 0.5 m,可见深度0.3 ~ 3 m。

2. 滑坡侧界

由于该区滑坡大部分为浅层滑坡,因此滑坡边界明显,但深度不大,一般为 0.5 ~ 2m,个别边界深度可达 4 m 左右(见图 3-10),由于滑坡体往往在坡脚堆积,埋藏了下部边较浅的界边坡,因此边界边坡高度由上到下逐渐减小。岩质边界边坡上有沿滑动方向的擦痕,新发生的土质滑坡边界边坡往往参差不齐,经过长时间的风化、冲蚀后,土质滑坡边界逐渐变缓(见图 3-11)。

3. 滑坡前缘

该区滑坡多为沿山坡基岩面下滑的浅层滑坡,相当一部分是居民沿坡根建房切坡引发,滑坡前缘在蠕动堆积过程中或下滑堆积后,多被居民及时清除;位于道路边的滑坡体前部由于掩埋道路,也被及时清除,修建挡土墙。少数位于荒沟、无人的边坡下的滑坡前缘还有所保留。

图 3-10　较深的岩质滑坡边界特征

图 3-11　土质滑坡边界

公路边滑坡前缘被清理后往往建有挡土墙,形成临空面,如图 3-12 所示;民房后的滑坡前缘被清理后往往用块石、砖堆砌形成拦护结构,高低不同,形成临空面,如图 3-13所示。

图 3-12　公路边被清理的滑坡前缘

图 3-13　民房后被清理的滑坡前缘

滑坡前缘剪出口因出露的地层、地质结构和出露地段不同而异,剪出口可见以下几种类型:

(1)土层内型:滑坡自土层内剪出,滑面发育于土中,该类型滑坡一般发育于坡脚等松散物堆积较厚处,剪出口位置一般在地面附近,剪出口位置较低。

(2)土、碎石土—基岩型:边坡上堆积的土层、碎石土沿基岩面下滑,滑坡体自土、碎石土与基岩接触面剪出。由于该类型滑坡发育在边坡上的高低不同,因此剪出口位置高低差别较大,高的剪出口距地面约 50 m。如陶湾镇前锋十三组滑坡,该滑坡发育于半山坡上,该类滑坡数量不多;大部分土、碎石土沿基岩的滑坡发育于坡脚及靠近坡脚的地方,剪出口位置较低。

(3)基岩型:一种是滑坡体沿基岩层面、节理裂隙下滑(见图 3-14),基岩层面、节理裂隙面与边坡的交线即为剪出口,该类剪出口距地面高度为 1～6 m,剪出口位置较低;另一种是基岩切层滑坡(见图 3-15),剪出口位置低,该类滑坡数量少。

图 3-14 滑坡体沿节理面下滑形成的剪出口　　图 3-15 基岩切层滑坡形成的剪出口

（三）表部特征

滑坡体滑动后在斜坡、坡脚堆积,呈后高前缘低,坡度在 40°～60°,滑坡体纵向中部高,向两侧边界处逐渐降低,在水流冲蚀作用下,沿边界处形成小的水沟,形成"双沟同源"现象。由于潜蚀作用,滑坡体中结构疏松时,易形成落水洞,直径 0.5～2 m,深 0.5～1.5 m。双沟同源、落水洞现象往往发育在大型滑坡上(见图 3-16)。本区滑坡大多厚度、体积较小,大多数滑坡没有双沟同源、落水洞现象。

调查区的滑坡规模小,滑体厚度不大,少量的滑体上形成高度 0.5～1.0 m 的滑坡台阶(见图 3-17),滑坡台阶与滑坡纵向轴基本垂直,大部分滑坡体上无滑坡台阶。

图 3-16 顺层滑坡剪出口　　　　　图 3-17 滑坡体上的台阶及落水洞

近代发生的新滑坡,在滑坡体前缘没有被侵蚀的情况下,保留着典型的滑坡特征。不仅后壁和侧壁黄土裸露,壁面新鲜明晰,滑体前缘鼓胀特征明显,并发育有纵向、横向的鼓张裂缝,裂隙宽 2～4 cm。但民房、公路等建(构)筑物边的滑坡前缘部分已经被清理后建起了挡土墙等拦挡设施,形成临空面,前缘鼓丘遭到了破坏。滑坡前缘在地质环境条件适宜的情况下,大气降水在滑坡体及附近地区下渗,沿滑动带运移,在前缘部位出露,会形成下降泉。在庙子镇高头崖村十组滑坡前缘有泉出露(见图 3-18)。

滑坡后部是裂缝密集发育地带(见图 3-19),裂缝往往为半圆弧形,宽 3～50 cm,长 10～30 m,古滑坡和老滑坡时代久远,滑体上裂缝早已彻底充填,现今没有迹象可寻。但新滑坡,特别是近期发生的滑坡,其上裂缝清晰可见。

图 3-18 滑坡前缘揭露的泉水

图 3-19 滑坡后缘裂缝

（四）内部特征

滑坡体：基岩滑坡体主要由块石、碎石组成，无植被或有少量杂草；土质滑坡体主要分为由黏性土、含碎石黏土、碎石土组成的滑坡。滑体在滑动时松动解体，稳定后在重力作用下，又重新压密固结，结构松散。由于大部分滑坡规模小，滑体厚度小，降雨入渗面积小，降雨蒸发快，在滑坡前缘没有泉形成。仅有个别滑坡水文地质条件成熟时，在滑坡前缘有泉水溢出。

结构面与滑带：斜坡结构面主要有节理面与层面两大类。节理面包括原生的垂直节理、构造节理、风化节理、卸荷节理等。对滑坡而言，节理面主要控制滑坡的后壁拉裂位置，与滑动面关系不大。层面主要有碎屑土与基岩接触层面、基岩与基岩接触层面两种，基岩顺层滑坡即为基岩沿层面滑动，另一类较多的滑坡为斜坡上的松散层沿基岩面滑动，该类层面即为滑动面。

滑带埋藏于滑体之下，调查中仅在一些滑坡前缘断面处可见其露头。滑带是整体移动的滑体与稳定的滑床间形成的一个错动的滑动空间，据野外所见，发育在土层中的滑坡，滑带沿纵向多呈弧形，沿宽度方向微显向上弯曲，滑动面光滑。沿基岩层面形成的滑动带，多为平直的平面，在两侧与边坡边界呈渐变接触。

滑带岩性：滑带土岩性相对复杂，厚 0.2 ~ 0.5 m，土质滑坡的滑动带岩性为黏性土；碎石土沿基岩面滑动形成的滑动带岩性为碎石土；基岩滑坡形成的滑动带岩性为碎石角砾、块石，滑坡体厚度大、重量大时，滑动带岩石被碾压、挤碎，形成碎石角砾，滑坡规模、体积小时，滑动带岩性以块石为主。

滑床：滑床埋藏于滑体之下，野外露头不明显，仅在前缘侵蚀断面上可见有部分露头。滑床多呈圈椅形、簸箕形、椭圆形、长舌形。

滑床土体部分多呈强烈挤压状，土体结构致密，具明显排列一致的挤压纹理，形成可见厚数十厘米的挤压带。沿基岩面、层面形成的滑床上多有摩擦痕迹、光滑条带。

二、崩塌

（1）崩塌数量少，规模小，以岩石崩塌、土体崩塌为主。本次实地调查 4 处崩塌。2 处岩质崩塌，2 处为土质崩塌。调查的崩塌点，体积一般在 2 ~ 40 m³。调查的崩塌点数很少，其原因一是在栾川县的中低山区，崩塌体多坠落破碎，在路边及建构筑物边的被及时清除,不易长期保存;二是该区边坡比比皆是,小体积崩塌散乱、分布很广泛,但又没有形成危害,因此没有对小崩塌进行调查记录。

(2)崩塌发生速度快,具有一定危害性。野外调查的崩塌多发生在路边、河边、民房后部,由修路、建房切坡引发,或是河流冲蚀引发,现状条件下,没有形成危害。崩塌规模虽无大型,但是由于瞬间发生,速度快,发生在民房后、公路边、小路旁的崩塌可能会对民房及路上车辆、行人造成危害。总体上危险性不大。

(3)崩塌发生的地貌及破坏形式。据野外观测,产生崩塌的边坡坡度多直立、近似直立。有些边坡由于人工削切、水流冲蚀等作用,形成凸性边坡,更利于崩塌的发生。崩塌破坏的模式有倾倒式和拉裂式两种,其破坏的模式与边坡坡型、组成岩性及裂隙发育等情况有关。

三、不稳定斜坡

不稳定斜坡指目前正处于或将来可能处于变形阶段,进一步发展可形成崩塌或滑坡灾害的斜坡,是一种潜在地质灾害。不稳定斜坡既有基岩斜坡,也有土质斜坡,以及由黏土—基岩组成的斜坡,在调查区广泛分布。调查中只是针对坡下多有居民点、工矿、道路及基础设施等威胁人民生命财产安全的不稳定斜坡做了调查。

(一)不稳定斜坡的坡度

坡度是影响斜坡稳定性的最主要因素。据调查资料统计,不稳定斜坡的坡度分布区间在60°~90°。在这一区间内,斜坡均有失稳(或滑坡或崩塌)形成地质灾害的可能。这一斜坡坡度分布范围,在调查区非常普遍,无论是沿河两岸还是各次级支沟的斜坡、山间沟谷大多都在这一坡度范围。因此,这就决定了不稳定斜坡在调查区的普遍性。通过对调查资料的统计,75%的不稳定斜坡坡度主要集中在61°~80°,在小于50°的缓坡中不稳定斜坡少有发育,如表3-11所示。

表3-11 不稳定斜坡的坡度分布统计

坡度划分(°)	31~40	41~50	51~60	61~70	71~80	81~90
数量(处)	0	0	1	4	5	2
占总数的百分比(%)	0	0	8.3	33.3	41.7	16.7

(二)变形破坏方式

不稳定斜坡只是对斜坡的稳定性做出不稳定的基本判断,对其变形破坏的模式很难给出确定的结论。由于控制和诱发斜坡变形与破坏的因素很多,而且这些因素具有不确定性,所以斜坡是否一定就发生破坏及其破坏的方式也是不确定的。结合实际调查情况,不稳定斜坡的发展趋势一般有两种:其一是斜坡失稳,发生崩塌或滑坡;其二是较长时间维持不稳定状态。

1. 斜坡失稳

斜坡失稳,主要破坏形式是发生崩塌和滑坡。据调查统计,滑坡或崩塌的形成与斜坡原始坡度有关。滑坡形成的原始坡度一般小于崩塌形成的边坡的原始坡度,崩塌的形成坡度较大。

当斜坡大于70°时,基本不发生滑坡,主要破坏模式为崩塌。边坡坡度大、坡度陡,在卸荷作用下,在边坡后缘易形成垂直的卸荷裂隙,土质边坡在长时间的雨浸等外部因素作用下,发生崩塌;岩质边坡形成的垂直裂隙在与边坡中发育的其他节理、裂隙形成不利组合时,对边坡岩体形成切割,在重力作用下发生崩塌。

坡度较缓的边坡,一般在小于60°时,几乎不会发生崩塌,其破坏模式主要是滑坡,这主要是由于土体的临空面空间变小,土体收到侧向阻力限制,只有在土体重力作用下形成剪切滑动面的情况下,才会下滑失稳。

2. 维持不稳定状态

斜坡的稳定和不稳定状态是斜坡动态平衡的阶段性表现,稳定是相对的,不稳定是绝对的。调查区目前所见的斜坡大多都经历了较长时间的考验,处于动态平衡中。斜坡的演变过程,是一个地质历史过程,与人类的历史特别是人类社会中的某一个时期相比,要漫长得多。因此,绝大多数的地质现象对于当前某一时期而言,也就处于相对平衡和静止的状态。但并不是所有的斜坡都处于这样的时期,其中有一部分处于临界平衡状态,在诱发因素尚未达到一定程度前,这种临界平衡还可以继续保持较长时间;如遇特大暴雨、强烈人类干扰或者其他诱发因素,很难确定在什么时候斜坡失稳的事件就会发生。一旦发生在人类活动区域,也就产生了地质灾害,造成人员伤亡和财产损毁。

(三)不稳定斜坡的形成原因

一般的斜坡在漫长的地质演化过程中,大多已经处于平衡或正在向平衡状态演化。但人类工程活动的介入,破坏了原有的平衡状态,或加剧了不平衡状态,使原来稳定的斜坡或有稳定趋向的边坡失衡,形成不稳定斜坡。

在调查的13处不稳定斜坡中,自然形成的不稳定斜坡1处、人工形成的不稳定斜坡12处,不稳定斜坡主要是人类工程活动引起的。人类工程活动主要是人工切坡、采矿,特别是切坡筑路,削坡建房。山区修建的乡(镇)级公路、村村通公路,多沿山体延伸,人工切坡成高陡边坡,形成不稳定斜坡,如311国道在伏牛山北坡人工开挖所形成的不稳定斜坡(见图3-20)、赤土店镇白沙洞南侧乡村公路切坡形成的不稳定斜坡(见图3-21)。

图3-20　311国道伏牛山北坡　　　图3-21　赤土店镇白沙洞南侧乡村公路旁
　　　段的不稳定斜坡　　　　　　　　　的不稳定斜坡

另外,采矿活动形成的山体不稳定斜坡,如赤土店镇河东村五组东侧山体,由采矿引发山体开裂(见图 3-22),形成不稳定边坡(见图 3-23);庙子镇煤窑沟采矿引发山体开裂,形成不稳定斜坡(见图 3-24);山区建房多在坡根选场地,多切坡在民房后形成不稳定斜坡。

自然形成的不稳定斜坡仅 1 处,主要是分布在花园村—庄科的沟谷内,对沟内公路形成威胁,形成不稳定斜坡(见图 3-25)的原因主要是山体坡度过陡,边坡后缘在长时间的地质历史演化过程中,由于内、外应力的作用,形成许多近似垂直边坡的节理、裂隙,对边坡的完整性造成破坏,可能会引发崩塌的发生。

图 3-22 赤土店镇河东村五组采矿
引发的山体开裂

图 3-23 赤土店镇河东村五组山体开裂
形成的不稳定斜坡

图 3-24 庙子镇煤窑沟采矿形成的
不稳定斜坡

图 3-25 花园村—庄科沟谷内自然形成
的不稳定斜坡

(四)分布广、监测难度大、危害较严重

1. 分布广泛

调查区地处伏牛山北麓,地貌以中低山为主,山沟密布,多为 V 形沟谷,切割较深,沟谷坡度一般在 60°以上,每一条沟谷的形成和存在都必然伴随着斜坡的出现,由此决定了陡峭斜坡在调查区内广泛分布的特点,为不稳定斜坡的广泛分布提供了基础的地貌条件。

栾川县境内人类工程活动强烈,人类工程活动表现为采矿活动、修建道路及村建设。栾川县矿业经济发达,矿山数量众多,矿山开采模式主要为地下开采,局部为露天开采,地下开采形成的采空区在地表表现为地面塌陷下沉,对地面的边坡产生不良影响。露天开采形成的边坡,也可成为不稳定斜坡。栾川县境内的村村通公路分布密集,乡(镇)之间的公路往往穿越山岭,切坡严重,形成较多地段的不稳定斜坡。

2. 监测难度大

由于不稳定斜坡分布广泛,给监测工作带来一定的困难。难以对每一处高陡斜坡都进行监测,即便确立一部分监测点,也很有可能出现监测到的未出现问题,而没有监测到的由于轻视发生了地质灾害。不稳定斜坡的变形破坏受到多种不确定因素的影响,要做出准确的判断和预测,目前尚有困难。因此,不稳定斜坡就成为难以进行监测的潜在地质灾害。

3. 不稳定斜坡的危害

由于不稳定斜坡分布广,具有突发性、不可预测性,因此具有较大的危害性。主要危害对象:道路边的不稳定边坡对道路形成危害,沟谷边的不稳定斜坡对坡下民房形成危害。

（五）不稳定斜坡的类型

1. 土质斜坡

主要分布于伊河南侧、县城南部伏牛山北坡冲沟口、坡脚处,由于修建高速出口——鸡冠洞的迎宾大道,在道路南侧切坡形成不稳定斜坡,该处冲洪积物厚度大,边坡有黏性土、砾石层互层。坡度为60°左右,高5～15 m。由于修路开挖形成边坡,造成临空面,在降雨入渗侵蚀和山坡后部土体自重力作用下,可能引发边坡失稳,造成滑坡。

2. 土—岩斜坡

斜坡表层为坡、残积黏土、含砾石黏土,下伏基岩,土层厚度在1～5 m,形成二元结构,该类型斜坡广泛分布于栾川县广大山区坡度较缓的斜坡地带。该类型斜坡往往出现上部土层不稳定,坡度陡时土体易崩塌,坡度缓时易产生滑坡。

3. 基岩斜坡

斜坡整个由基岩组成。基岩受节理裂隙面切割,整体性差,主要分布于中低山区的中上部山体上由于道路开挖形成的道路边坡上。

（六）变形破坏的力学模式

1. 滑移（蠕滑）—拉裂模式

滑移（蠕滑）—拉裂模式是区内斜坡变形破坏最普遍的模式。土质斜坡和土—岩斜坡,在坡脚遭受破坏时,斜坡土体向坡前临空方向发生剪切蠕滑,斜坡后缘自上而下发生拉裂,破坏模式一般形成滑坡。天然状态下斜坡的内部应力已达基本平衡状态,坡脚是应力集中和整个斜坡最为敏感的部位,坡脚受到破坏,对整个斜坡的稳定性影响最大。人类工程活动如修路、建房开挖坡脚等都会对坡脚产生破坏,引起斜坡产生滑移—拉裂变形,坡度陡的边坡易引起崩塌,坡度缓的边坡易产生滑坡。

2. 滑移—压致拉裂模式

滑移—压致拉裂模式也是调查区内斜坡变形破坏较为普遍的模式之一,这种变形模式是由土—岩斜坡内部基岩面自下而上发展,在降雨入侵渗透作用下,在重力作用下,坡体沿下部层面向坡前临空方向产生缓慢的蠕变性滑移,沿平缓层面形成滑移面,沿上部土体垂直裂隙形成拉裂面,形成黄土滑坡或崩塌。

3. 弯曲—拉裂模式

陡峭的土质斜坡,在土体向临空面变形位移的发展过程中,在边坡后缘发育垂直节理,特别是在高陡斜坡的边缘,临空面大,局部土体极易沿垂直节理呈柱状或墙状与斜坡分离。在风化作用下,发生弯曲—拉裂变形,节理面日益加深扩大,分离的土体与斜坡的联系越来越弱,当重心偏离到一定程度时,最终导致斜坡破坏,形成倾倒式崩塌。当分离土体与斜坡的连接不足以支撑其重量时,沿垂向错断崩落就形成错断式崩塌;沿斜面滑下就形成滑移式崩塌,当然其变形破坏模式也发生了转化或复合。

对基岩不稳定斜坡来讲,调查区基岩边坡岩性复杂,岩性有花岗岩、片麻岩、安山岩、角山岩、辉绿岩、砾岩等。其中,片麻岩、片岩等岩石易风化,使边坡变得凹凸不平,局部悬空,悬空后的岩石在重力作用下多产生弯曲—拉裂变形,从而形成崩塌。

四、泥石流

本区的泥石流较发育,特别是 2010 年 7 月 24 日特大暴雨后,引发了一系列大小不一的泥石流。在本次调查过程中,发现了 13 条泥石流沟,其中泥石流隐患沟 2 条。本区的泥石流有以下特征。

(一)以中小型为主

七故沟泥石流流域面积 57 km²,干涧沟泥石流流域面积 10 km²、康山沟泥石流隐患沟汇水面积 16 km²,汇水面积较大,其他的泥石流多为小型,汇水面积在 4~10 km²。

(二)物源多为矿渣、碎石,以水石流为主

从现状调查情况看,沟内沉积的物源多为碎石、块石、砂为主,泥质含量很低。一部分泥石流沟以采矿堆积在沟内的废石作为物源,在强降雨时节,在沟内汇水冲蚀下,形成泥石流;一部分主要是以沟谷内堆积的卵砾石、泥质砾砂、细砂、少量黏土为物源,主要来源于山坡岩石的长时间风化作用、平时强度不大的降雨冲蚀作用,顺坡面滚落堆积在坡脚,在沟内有汇水作用时,沿沟谷进行短距离的搬运,在沟内堆积,在强降雨足够大形成较大的水流时,形成泥石流。

(三)间歇性发育、潜在威胁大

调查的泥石流沟,平时沟内多为荒地,有村庄分布,大多数间隔数十年也没有发生泥石流。因此,沟内村民多有麻痹思想,一旦遇见极端天气,引发泥石流,可能造成人员伤亡及财产损失。

(四)引发泥石流的不可预测因素多

在调查的泥石流中,干涧沟泥石流引发的原因是该沟内尾矿库溃坝,尾矿下泄形成泥石流,幸亏责任人员及时发现险情,通报沟内居民及时转移,没有造成人员伤亡,但对沟内民房、耕地、道路形成破坏(见图 3-26 和图 3-27),损失较大。

柿树沟泥石流是由于沟的上游沟边坡风化堆积物下滑,在沟内堆积形成小的堰塞湖,堰塞湖决堤后,产生水动力较强的水流,在巨大水流的冲蚀作用下,形成泥石流,泥石流造成 2 人死亡,对沟内的民房、耕地造成破坏(见图 3-28 和图 3-29)。

五、地面塌陷

野外发现一处地面塌陷,位于狮子庙镇红庄村南洼组,灾害类型是采空区塌陷。地面植被以乔木为主,平缓地段是农田,主要种植玉米。据了解,塌陷区位于红庄金矿矿区范围,下面为采空区,主要表现为地面塌陷和地裂缝发育,主要表现是以往数年断续出现裂

隙 10 余条,最近一段时间变化不是很明显。整个范围大概东西宽 600 m、南北长 800 m 左右,有几户房屋变形严重,墙体开裂,已不能居住。一间土木瓦房在"7·24"特大暴雨后倒塌。砖混楼房墙体开裂宽度最大可达 15 cm,地基变形,大门门框明显倾斜,房门不能打开。影响范围是 14 户 82 口人 81 间房屋。

图 3-26　干涧沟溃坝形成的泥石流

图 3-27　干涧沟内堆积的碎屑物

图 3-28　柿树沟内堆积的碎石、漂石

图 3-29　柿树沟内受损的民房

调查发现有 3 个塌陷坑,大小不等,主要集中在坐标 X:3 766 256,Y:37 553 036 附近。1 号塌陷坑 5 m×8 m,可见深达 4.7 m 左右;2 号塌陷坑大小为 4 m×3 m,可见深达 3.6 m 左右;3 号塌陷坑大小为 2 m×2 m,可见深为 3 m 左右。塌陷坑已有数年,后由塌陷物和杂物填充,塌陷区为一 V 形沟谷,塌陷坑位于东坡。根据了解,西坡沿坡肩断续有裂隙发育,上下错动 1 m 左右,裂缝宽度在 30～80 cm,可见深达 80 cm,断续延伸 500 多 m,后因农民种地又填埋。如图 3-30 和图 3-31 所示,塌陷区影响附近村庄有 14 户 82 人 81 间房屋,危害等级较大。

图 3-30　狮子庙镇塌陷区房屋变形

图 3-31　狮子庙镇塌陷区塌陷坑

第三节　地质灾害分布规律

一、地质灾害空间分布规律

调查区内地质灾害分布规律严格受自然地质条件和人为因素的制约,地质灾害在空间上有相对集中和呈条带状的分布规律。具体表现如下。

(一)沿山间沟谷两侧呈条带状分布

据本次调查资料,除地面塌陷地质灾害发生在丘陵顶外,其余的地质灾害均分布于山谷两侧,特别是不稳定斜坡更具有线性分布特点,主要集中在修建公路切坡形成的高陡边坡处。

栾川县境内较大的河流有伊河、小河、明白河、叫河,这些河流河谷较为开阔,沿河谷分布村庄、乡(镇)、县城,河谷两侧山坡有崩塌、滑坡发育,伊河、小河、明白河、叫河的Ⅰ级、Ⅱ级支流两岸往往也是崩塌、滑坡的发育区。

(二)地质灾害受地形地貌控制明显

调查区地质灾害受地貌因素控制较为明显,据调查资料,崩塌、滑坡多沿山谷、陡坡、公路切坡形成的边坡分布,泥石流多发育于沟底狭窄、坡降较大的沟谷,对于较开阔、坡降较为平缓的主沟泥石流不发育。

(三)地质灾害明显受地层岩性控制

崩塌、滑坡多发育于片麻岩、片岩等易风化的山体边坡上,伊河以南、东南山体岩性多为花岗岩,岩石坚硬,不易风化,因此崩塌、滑坡较少。

由黏性土组成的边坡,在坡度较陡或修路建房开挖边坡时,易引发滑坡;由残积土—基岩组成的二元结构边坡,在坡度较陡或修路建房开挖边坡时,残积土易沿基岩面下滑,引发滑坡。

根据野外调查结果,191 处滑坡中,基岩滑坡 30 处,黏土滑坡 78 处,残积土滑坡 81 处,可以看出滑坡大多发育于黏土、残积土中。

二、地质灾害时间分布规律

(一)多为现今发生滑坡

在本次调查的 191 处滑坡中,属于全新统以来发生的老滑坡 2 处,现今发生的新滑坡 189 处。

(二)在现代人类活动强烈的时期相对集中

本次调查的崩塌、不稳定斜坡大多数由于修路切坡、建房切坡等人类工程活动引起的,表明崩塌、滑坡地质灾害在人类活动强烈的时期相对集中,主要是不合理的人类工程活动破坏了斜坡的结构,使原始斜坡应力发生变化,导致斜坡失稳发生崩塌、或形成不稳定斜坡等地质灾害。

(三)在特大暴雨季节集中

本次调查到的 191 处滑坡、13 处泥石流有 90% 以上的灾害点发生于 2010 年 7 月 24

日栾川县历史罕见特大降雨,均为强降雨引发的。

第四节　地质灾害稳定性、灾情与危险性

一、地质灾害稳定性

首先进行定性评价,加以定量评价,再运用工程类比法综合分析。在进行类比时,考虑滑坡或边坡结构特征的相似性,以及促使滑坡或边坡演变的主导因素和发展阶段的相似性。影响滑坡或边坡稳定性的因素可分为地形地貌、地质特征(地层岩性、岩土体结构面特征、构造节理等)、降雨、人类工程活动(开挖、加载、蓄水等)。这些因素对滑坡或边坡的稳定性是相互作用、相互影响的。在这些因素的相互作用下,结合坡体变形特征,判别坡体的稳定性。

(一)滑坡稳定性

此次调查中的老滑坡,形成时期较早,并且经长期的自然固化安息,也已处于稳定状态。

本次调查过程中,滑坡的稳定性主要依据《滑坡崩塌泥石流灾害详细调查规范》(1:50 000)(DD 2008—02)7.14条规定和滑坡稳定性野外判别依据(见表3-12)进行定性确定。在调查的191处滑坡中,不稳定的179处,占滑坡总数的93.7%,较稳定的12处,占滑坡总数的6.3%。

表3-12　滑坡稳定性野外判别依据

滑坡要素	不稳定	较稳定	稳定
滑坡前缘	滑坡前缘临空,坡度较陡且常处于地表径流的冲刷之下,有发展趋势并有季节性泉水出露,岩土潮湿、饱水	前缘临空,有间断季节性地表径流流经,岩土体较湿,斜坡坡度在30°~45°	前缘斜坡较缓,临空高差小,无地表径流流经和继续变形的迹象,岩土体干燥
滑体	滑体平均坡度大于40°,坡面上有多条新发展的滑坡裂缝,其上建筑物、植被有新的变形迹象	滑体平均坡度在25°~40°,坡面上局部有小的裂缝,其上建筑物、植被无新的变形迹象	滑体平均坡度小于25°,坡面上无裂缝发展,其上建筑物、植被未有新的变形迹象
滑坡后缘	后缘壁上可见擦痕或有明显位移迹象,后缘有裂缝发育	后缘有断续的小裂缝发育,后缘壁上有不明显变形迹象	后缘壁上无擦痕和明显位移迹象,原有的裂缝已被充填

(二)崩塌稳定性

本次调查过程中,崩塌的稳定性主要根据崩塌所在地的斜坡特征和危岩体的工程地质特征进行综合分析,进行定性判定。在调查的4处崩塌中,现处于较稳定状态的为1处,占崩塌总数的25%;不稳定的3处,占崩塌总数的75%。

（三）不稳定斜坡稳定性

本次调查过程中,不稳定斜坡的稳定性主要依据《滑坡崩塌泥石流灾害详细调查规范》(1∶50 000)(DD 2008—02)10.1.5条规定和斜坡稳定性野外判别依据(见表3-13)进行定性确定。

表3-13　斜坡稳定性野外判别依据

斜坡要素	稳定性差	稳定性较差	稳定性好
坡角	临空,坡度较陡且常处于地表径流的冲刷之下,有发展趋势,并有季节性泉水出露,岩土潮湿、饱水	临空,有间断季节性地表径流流经,岩土体较湿,斜坡坡度在30°~45°	斜坡较缓,临空高差小,无地表径流流经和继续变形的迹象,岩土体干燥
坡体	平均坡度大于40°,坡面上有多条新发展的裂缝,其上建筑物、植被有新的变形迹象,裂隙发育或存在易滑软弱结构面	平均坡度在30°~40°,坡面上局部有小的裂缝,其上建筑物、植被无新的变形迹象,裂隙较发育或存在软弱结构面	平均坡度小于30°,坡面上无裂缝发展,其上建筑物、植被没有新的变形迹象,裂隙不发育,不存在软弱结构面
坡肩	可见裂缝或明显位移迹象,有积水或存在积水地形	有小裂缝,无明显变形迹象,存在积水地形	无位移迹象,无积水,也不存在积水地形

在12处不稳定斜坡中,现稳定状态均为稳定性较差,占不稳定斜坡总数的100%。

二、地质灾害灾情与危险性

（一）评估标准

地质灾害的威胁对象包括人口和财产。人口可以直接用数量来表征;财产包括土地、牲畜、房屋、道路等。根据遥感解译和实际物价调查资料,建立主要经济价值评估标准(见表3-14)。

地质灾害灾情与危害程度分级标准按表3-15的规定评估。

表3-14　主要经济价值评估标准

类型		计量单位	价值	数据来源
土地	农田	元/(亩·年)	600	访问
	果园	元/(亩·年)	3 000	访问
	蔬菜大棚	元/个	8 000	访问
房屋	一般砖瓦房	元/间	7 000	访问
	砖混平房	元/间	10 000	访问
	新建二层住宅楼	元/间	15 000	访问
道路	铁路	元/m	25 000	参考资料
	高速路	元/m	20 000	参考资料
	柏油公路	元/m	1 500	参考资料
	土路	元/m	500	参考资料
水渠	灌溉用混凝土块石勾砌水渠	元/m	2 000	参考资料

表 3-15　地质灾害灾情与危害程度分级标准

危害程度分级	死亡人数（人）	受威胁人数（人）	直接经济损失（万元）
一般级（轻）	< 3	< 10	< 100
较大级（中）	3 ~ 10	10 ~ 100	100 ~ 500
重大级（重）	10 ~ 30	100 ~ 1 000	500 ~ 1 000
特大级（特重）	> 30	> 1 000	> 1 000

注：1. 灾情分级，即已发生的地质灾害灾度分级，采用"死亡人数"或"直接经济损失"栏指标评价。

　　2. 危害程度分级，即对可能发生的地质灾害危害程度的预测分级，采用"受威胁人数"或"直接经济损失"栏指标评价。

（二）灾情

1. 滑坡

根据收集的以往滑坡资料，以及本次实地调查结果，调查区近些年来有记载的，造成一定经济损失和人员伤亡的滑坡共有 61 处，占整个滑坡总数的 31.9%。在这 61 处滑坡灾害中，除 1 处为较大级（中）滑坡外，其余 60 处灾情均为一般级（轻），总共造成 6 人死亡，412.3 万元的财产损失。

2. 崩塌

在调查的 4 处崩塌中，均未造成人员伤亡及经济损失。

3. 不稳定斜坡

在调查的 12 处不稳定斜坡中，仅赤土店镇竹园村河东五组不稳定斜坡造成 2 人死亡，灾情为一般级（轻），其他的均未造成人员伤亡及财产损失。

4. 泥石流

本次调查的泥石流沟 13 处，石庙镇干涧沟、石庙镇七故沟泥石流等 6 处造成人员伤亡及财产损失，共计死亡 4 人，直接经济损失 249 万元，其他的泥石流未造成损失。

5. 地面塌陷

本次调查共发现 1 处地面塌陷，造成 5 户民房变形严重、墙体开裂，直接经济损失约 30 万元，小面积耕地被毁，现状条件下总体灾情轻。

（三）危险性

地质灾害危险性分析主要是受威胁人数以及由于财产损毁而可能造成的潜在经济损失（见表 3-15）。

1. 滑坡

在调查的 191 处滑坡中，8 处基本稳定，占整个滑坡总数的 4.2%；不稳定的 183 处，占整个滑坡总数的 95.8%。在这 191 处滑坡中，危险性大的 8 处、危险性中等的 83 处、危险性小的 100 处，威胁 4 100 人，潜在经济损失 6 491 万元。

2. 崩塌

本次调查共发现崩塌 4 处，3 处对道路造成威胁、1 处对河道造成威胁，可能堵塞河道，除此外没有形成别的危害，危险性小。

3. 不稳定斜坡

在 12 处不稳定斜坡中,未来都可能造成不稳定斜坡失稳并有可能造成损失,其中 4 处威胁到人员的安全,占整个不稳定斜坡的 33.3%,其他 8 处仅对道路形成威胁。其中,危险性大的 1 处,为赤土店镇竹园村河东五组东侧山体不稳定斜坡,主要由采矿引发的山体开裂,曾经崩塌死 2 人,对村庄威胁大;危险性中等的 1 处,为洛钼集团位于赤土店镇马圈村的十八盘路边,为废渣堆积体的不稳定斜坡,主要对附近活动的矿山工作人员安全形成威胁,其他 10 处危险性小。不稳定斜坡共威胁约 144 人,潜在经济损失 416.5 万元。

4. 泥石流

在调查的 13 处泥石流中,未来都可能造成再次引发泥石流并有可能造成损失的 12 处,其中 10 处威胁到人员安全,占整个不稳定斜坡的 76.9%。其中,危险性大的 6 处,主要是威胁沟内人员的人身安全;危险性中等的 5 处,其他 2 处危险性小,沟内村民已经搬迁。13 处泥石流共威胁人数约 2 254 人,潜在经济损失 3 880 万元。

5. 地面塌陷的危险性

本次调查发现的地面塌陷区位于狮子庙镇红庄村南洼组,灾害类型是采空区塌陷,现条件下虽然灾情较轻,但对采空区上的居民的生命财产构成潜在威胁,直接威胁 14 户 82 人 81 间房屋,潜在经济损失 120 万元,危险性等级为中等。

第四章　地质灾害形成条件

第一节　地貌与地质灾害

地形地貌是地质灾害产生的前提条件,栾川县位于伏牛山北麓、熊耳山南麓,地貌以中低山为主,地形高差大,以伊河、小河为主要河流,次一级的支流及二级支流密布,对山体切割形成沟谷,为滑坡、崩塌、不稳定斜坡及泥石流的形成提供了地貌条件。沿沟谷两侧斜坡坡型、坡高、坡度、坡向各有差异,对地质灾害均有不同的影响。

一、宏观地貌与地质灾害的关系

栾川县位于伏牛山北麓、熊耳山南麓,地貌以中低山为主,地形高差大,沟谷发育,该区分布各种类型的边坡,边坡地质结构多样化,植被发育情况差别大,边坡坡度、高度差异大,为崩塌、滑坡、不稳定斜坡的形成提供了基础的地貌条件。另外,以东西向展布的伊河、小河的两侧支流呈近似南北向的羽状分布,伏牛山北麓降水顺坡而下,沿沟谷汇入伊河过程中易引发泥石流;熊耳山南部降水在沿支流汇入小河的过程中,易引发泥石流。

据统计,本次调查的 221 处地质灾害点,仅 4 处分布于潭头周围的丘陵区,其他均分布于中低山区,占调查点总数的 98.2%。

二、斜坡坡形

区内斜坡坡面形态可以划分为四个基本类型,即凸形、直线形、阶梯形和凹形。前两类属正向类型,后两类属负向类型。凸凹形、凹凸形是四种基本坡形的组合形式,本次调查以最具代表的坡段作为基本坡形。

在调查的 191 处滑坡中有 112 处发生于正向类型坡,79 处发生于负向坡形,如表 4-1 所示。其中,凸形 61 处,占滑坡总数的 31.9%;直线形 51 处,占滑坡总数的 26.7%;阶梯形 52 处,占滑坡总数的 27.2%;凹形 27 处,占滑坡总数的 14.2%。4 处崩塌中有 2 处(占崩塌总数的 50%)属于正向类型,其中直线形、凸形、阶梯形和凹形各 1 处。

表 4-1　各类坡型上地质灾害统计

坡型		滑坡	崩塌	不稳定斜坡	合计
正向类型	凸形	61	1	3	65
	直线形	51	1	7	59
负向类形	阶梯形	52	1	0	53
	凹形	27	1	3	31
合计		191	4	13	208

13 处不稳定斜坡中有 10 处为正向类型,占不稳定斜坡总数的 76.9% ,3 处为负向类型,占不稳定斜坡总数的 23.1% 。其中,凸形占 3 处、直线形 7 处、凹形 3 处。

从表 4-1 可以看出,直线形和凸形正向类斜坡明显更容易产生滑坡和崩塌灾害。负向类凹陷形和阶梯形斜坡,由于受到沿斜坡走向的应力支撑,应力集中程度减缓,稳定程度明显增高;正向类斜坡则相反,应力集中程度明显提高,稳定程度明显降低。

三、斜坡坡度

调查的 191 处滑坡中有,大部分滑坡体发育在坡度 30°~60°的斜坡上,占总滑坡数的 77.0% ;发育在小于 30°的斜坡上的滑坡 12 处,占总滑坡数的 6.3% ;发育在坡度 60°~70°的斜坡上的滑坡,占总滑坡数的 11.5% ;发育在大于等于 70°的斜坡上的滑坡,占总滑坡数的 5.2% ,见表 4-2。

表 4-2 反映了滑坡在不同坡度间的发育状况,由表 4-2 可知,30°~60°的斜坡易发生滑坡,小于 30°的斜坡、大于 60°的斜坡发生滑坡的概率较低。本区滑坡多为坡积、残积松散层沿基岩坡面下滑形成的,这是由于缓坡、坡度大的斜坡上的滑坡体自重沿滑动方向的分量小,下滑力较小。

表 4-2　滑坡发育斜坡坡度分布区间统计

坡度区间(°)	<30	30~40	40~50	50~60	60~70	≥70
数量(处)	12	47	57	43	22	10
占总数的百分比(%)	6.3	24.6	29.9	22.5	11.5	5.2

不稳定斜坡、崩塌均发生在陡坡上,坡度均大于 70°,陡坡利于崩塌的形成,并且易形成不稳定斜坡。

四、斜坡坡高

研究表明,斜坡坡高与地质灾害的发生存在着明显的控制关系,斜坡坡顶、坡面、坡脚及谷底的应力状态会随着斜坡坡高的变化发生显著的变化,最终导致沟谷不同部位产生变形破坏。在各方面相同条件下,随着坡高的增大,坡体安全系数减小。

本次调查资料统计如表 4-3 所示,滑坡多发生于坡高 30~80 m 的斜坡带上,总共发育 142 处,占整个滑坡总数的 74.3% ,因此 30~80 m 高度的斜坡是滑坡的主要发育斜坡。分析有两个原因,一是该高度段的斜坡上分布有残积、坡积的松散层,高度超过 80 m 的斜坡中上部多基岩出露,风化物在雨水的冲蚀作用下,沿坡面下滑在坡度较缓的、高度较低的坡脚堆积;二是滑坡多为土质滑坡,土质滑坡随着斜坡高度的增大,坡体安全系数减小,在 30~80 m 大多破坏了极限平衡,产生滑坡;基岩边坡虽然随着斜坡高度的增大,坡体安全系数减小,但基岩的强度高,也不易发生滑坡,野外调查的 191 处滑坡中基岩滑坡 30 处,占总滑坡的 15.7% 。

表 4-3　滑坡发育斜坡坡高分布区间统计

坡高区间(m)	<30	30~50	51~80	81~100	101~200	>200
数量(处)	20	69	73	12	14	3
占总数的百分比（%）	10.5	36.1	38.2	6.3	7.3	1.6

五、斜坡坡向

对全区的滑坡、崩塌和不稳定斜坡共 209 处地质灾害所处斜坡坡向进行统计,结果表明,坡向在 0°~90°的滑坡 59 处、在 90°~180°的滑坡 58 处、在 180°~270°的滑坡 49 处,滑坡滑动方向以东北向、东南向、西南向为主,见表 4-4。

表 4-4　不同坡向区间地质灾害数量统计

坡度区间(X)	滑坡	崩塌	不稳定斜坡	合计
0°<X≤45°	26		1	27
45°<X≤90°	33		0	33
90°<X≤135°	36		1	37
135°<X≤180°	22	2	3	27
180°<X≤225°	33	2	1	36
225°<X≤270°	16		5	21
270°<X≤315°	17		0	17
315°<X≤360°	9		2	11

这一点与栾川县境内的河流的发育走向有关,栾川县境内的三条主要河流伊河、小河、叫河基本呈近东西向,其两侧支流呈羽状分布,呈稍小于 90°的角度汇入主流,北侧支流呈北南南排列,南侧支流呈南北北向排列,在其沟谷斜坡上形成的滑坡大概处于上述 0°~90°、90°~180°、180°~270°的三个方向区间内。

第二节　地层及岩土体结构与地质灾害

一、易滑地层

调查区内地层跨越时间长、地层岩性复杂,从太古界、下元古界、中元古界、上元古界、古生界、新生界均有分布。

基岩中易滑岩层为粗粒花岗岩、片麻岩、变质长石砂岩、片岩、下第三系的黏土岩、砂质黏土岩、砾岩等,易滑地层为滑坡提供了地质条件,但还需要有利的地形条件才能引发滑坡、崩塌灾害的形成,如下第三系的黏土岩、砂质黏土岩、砾岩结构松散,出露地表易风化,但是野外调查中未发现该组岩层中有滑坡发育。

基岩滑坡不多,主要分布于易风化的粗粒花岗岩、片麻岩及片岩中。

第四系是滑坡的主要分布地层,分布于伏牛山北麓与伊河接触地带、山间沟谷、缓坡上、斜坡的中下部、坡脚地带,除沿伊河、小河河谷沉积较厚外,其他地方厚度均不大,岩性以残积、坡积的黏土、含砾黏土、碎石土为主,伊河、小河河谷以卵石为主。第四系地层结构松散,在降雨入渗浸泡下强度降低,易引发滑坡。本次调查的大部分滑坡均发生在第四系地层中。

二、斜坡结构

区内斜坡结构主要有三种类型:土质斜坡、土(碎石土)—基岩斜坡、基岩型斜坡。斜坡结构决定了斜坡变形破坏的方式和软弱结构面的位置,对滑动面的位置具有明显的控制作用。

(1)土质斜坡:纯土质斜坡一般高度不大,由黏土、含砾黏土、碎石土组成,在边坡较陡,或坡脚遭到开挖、侵蚀下,有利于下滑的临空面存在时,易发生滑坡,滑坡面呈圆弧形。

(2)土(碎石土)—基岩斜坡:边坡上堆积的黏土、碎石土,下伏基岩,形成土—岩二元结构,基岩面为滑坡面,基岩面的坡度大小决定了滑坡的易滑程度。当降雨入渗土体,在基岩面形成隔水层,使土体饱和软化,强度降低,在有利的临空面存在时,土层沿基岩面下滑形成滑坡。

(3)基岩型斜坡:由基岩组成,不同地区边坡岩性不同,整体上基岩边坡稳定性好,但在切坡严重地方,也可能引发崩塌、滑坡,或形成不稳定斜坡。由片麻岩、片岩或粗粒花岗岩组成的基岩边坡,由于表层易风化,再加上节理、裂隙的切割作用,易引发滑坡。

第三节　水与地质灾害

一、降雨

(一)降雨与地质灾害发生的时空关系

降雨与地质灾害的发生在时空上高度一致,栾川县的汛期为 6~9 月,是全年降雨量集中的时段,这个时期也是全年地质灾害的发生、预防期。

(二)地质灾害与降雨特征关系

强降雨单位时间内降雨量大,沟谷内易汇集较大水流,可形成强动力的水流,在物源充足的情况下,易引发泥石流,同时较长时间的强降雨也可引发滑坡。

长时间的阴雨天气是滑坡、崩塌发生的主要诱因,长时间的降雨,雨水可沿基岩的节理、裂隙渗入基岩的内部,降低基岩强度;对于第四系松散土层来说,雨水更易入渗进入土层内部,长时间的降雨会使土体饱和、软化,强度迅速降低,诱发滑坡产生。

二、地表水

地表水与地质灾害关系密切,这里主要指河流与水库中的地表水。

水库蓄水后水位上涨,使库岸边坡饱水,强度降低,可能引发库岸滑坡、崩塌。栾川县没有大的水库,在伏牛山北麓沟谷内建有小水库,作为县城居民、乡(镇)居民的饮用水源地,有陶湾水源地、栾川县双堂沟水源地、栾川县大南沟水源地,这些水库库容不大,由于伏牛山北麓多为细粒花岗岩,岩石强度高,不易风化,蓄水后库岸边坡稳定,没有发现崩塌、滑坡现象,只是在水位涨落线之间的边坡岩石表层剥落(见图4-1、图4-2)。

图4-1　栾川县双堂沟水源地　　　　图4-2　栾川县大南沟水源地

　　总体上,由于岩石的工程地质条件好,水库蓄水没有引发地质灾害或引发地质灾害较轻。

　　另一种与地质灾害密切相关的地表水是河水,栾川县境内的河流主要有伊河、小河、叫河及其支流河流,伊河、小河、叫河常年有水,其余支流为季节性河流,河流与地质灾害的关系表现在河流的侧蚀使河岸边坡变陡(见图4-3、图4-4),侧蚀继续发展,淘空河水位线附近边坡的坡根,引发崩塌、滑坡。庙子镇黄石碥村以上、潭头以下,伊河河道宽阔(见图4-5、图4-6),大多河段侧蚀作用不明显,但局部拐弯处,侧蚀还很强烈,如栾川县城东侧的煤窑沟—洛钼集团办公楼段、石庙的上河段,伊河在庙子—潭头之间在峡谷内流动,侧蚀作用明显。另外,小河、叫河河谷狭窄,侧蚀作用明显。

图4-3　龙峪湾内河流对河岸的侧蚀　　　图4-4　秋扒乡南侧小河对河岸的侧蚀

图4-5　庙子镇黄石碥村附近宽阔的伊河河道　　　图4-6　潭头南侧宽阔的伊河河道

但是,以上河流及支流侧蚀作用侵蚀的岸坡均为基岩岸坡,由于基岩的强度较高,侧蚀引发的崩塌、滑坡现象不多,河流侧蚀引发的地质灾害不明显。

第四节　植被与地质灾害

植被起到护坡和防止水土流失的作用,对斜坡的演化和稳定性具有一定的影响,其影响有正面的、负面的,总体上以正面的为主。但是,植被不是决定地质灾害是否发育的根本原因。

区内植被对斜坡变形、演化和地质灾害的影响主要体现在以下三个方面:

(1)水文地质效应。植被不同程度地阻滞了地面径流,增大了降水对坡体的入渗补给量,使土体容易软化,形成滑坡剪切面;对于下部为基岩、表层为薄层松散层的土—岩二元结构的斜坡,当基岩岩石完整、不易风化时,根系沿土层发育,遇基岩面根系难以深入基岩,不仅起不到锚固土体的作用,在风力作用下,植被晃动对表层土体起到破坏作用,促使了表层土体沿基岩面的下滑,易引发该类斜坡浅层滑坡的产生。

(2)力学效应。植被根系具有加固土体,提高土体抗剪强度的能力,遇到易风化或节理裂隙发育的基岩,植物根系往往嵌入基岩,还起到锚筋、阻滑作用;另外,坡体上植被的自重又增加了坡体的荷重,并向坡体传递风的动力荷载,在风荷载与下滑方向一致时,又促使了滑坡的产生。

(3)护坡效应。植被发育的地区不易产生水土流失,地形侵蚀切割较缓慢,斜坡变形破坏较弱。相反,植被覆盖率低的地区,水土流失严重,地形切割强烈,斜坡变形破坏较强。

栾川县位于豫西南中低山区,整体上植被发育。从野外的调查看,植被发育程度与地质灾害发育相关性不强。

第五节　人类工程活动与地质灾害

栾川县是河南省的矿业大县,矿山开采是栾川县主要的人类工程活动之一。近年随着经济社会的迅猛发展,人类工程活动无论是在深度上还是在广度上都日益加深、加大。造成随着经济社会的迅猛发展,人类工程活动越来越强烈,对自然生态的破坏越来越剧烈。特别是随着栾川县村村通工程的建设,修建山区道路对自然斜坡的不合理开挖,打破了地质历史时期形成的斜坡平衡状态,造成斜坡变形失稳,已成为触发地质灾害的主要因素之一。

栾川县人类工程活动主要体现在以下几个方面:矿业开采、修路切坡、切坡建房等。这些工程活动是本区地质灾害发生的重要原因。

一、矿业开采

栾川县是河南省的矿业大县,特别是钼矿储量丰富,有中国"钼都"之称,矿业开采是该区最强烈的人类工程活动。矿业开采分为露天开采、地下开采,露天开采可能引发采坑边坡崩塌、滑坡,矿渣露天堆放可能引发滑坡、泥石流等地质灾害,如赤土店镇马圈村洛钼集团露天采坑及渣堆的不稳定斜坡,赤土店镇大石渣泥石流是由沟内堆积的废石渣引发的;2010 年 7 月 24 日干涧沟泥石流是由于尾矿库决堤引发的;狮子庙红庄村南洼组地面塌陷是由于地下采矿形成的。总之,采矿易引发地质灾害,与地质灾害的发育密不可分。

二、修建道路

特别是随着栾川县村村通工程的建设,修建山区道路对自然斜坡的不合理开挖,打破了地质历史时期形成的斜坡平衡状态,造成斜坡变形失稳,已成为触发地质灾害的主要因素之一。

道路切坡形成陡坡后可能引发的地质灾害类型有崩塌、滑坡及不稳定斜坡。

陶湾西侧公路北崩塌、合峪镇至县城公路的合峪镇西侧滑坡(见图 4-7)、陶湾与叫河交界处公路边滑坡(见图 4-8);公路切坡形成不稳定斜坡,如庙子镇南 311 国道穿越伏牛山时切坡形成不稳定斜坡、赤土店镇花园村南侧村村通公路切坡形成不稳定斜坡。

图 4-7　合峪镇西侧公路边的滑坡　　　　图 4-8　陶湾与叫河交界处公路边的滑坡

三、城镇建设

受地形限制,村民建房多依靠坡根,切坡建房,在民房后形成高低不等的陡坡,破坏了原有的力学平衡,常常引发崩塌、滑坡,对民房构成威胁。这种切坡建房的现象在栾川县这种山区县非常常见,是崩塌、滑坡较常见的人为引发因素。

随着经济的发展、人们物质条件的改善,部分居民为改善生活条件而向栾川县城及各乡(镇)移居,造成县城及镇面积不断扩大,在城镇建设过程中,受地形限制,往往出现向河道、山坡扩展现象,出现开挖山坡建房引发崩塌、滑坡等地质灾害,在栾川县城西侧、石庙西侧出现在伊河高漫滩内建房的情况,影响河道行洪,在极端降雨引发特大洪峰的情况下,对建筑安全构成威胁。

第五章　典型地质灾害特征与形成机制

调查中对于危害重大的和典型的滑坡、崩塌及不稳定斜坡等地质灾害(或隐患)进行了详细调查,每个灾害点至少实测一条纵剖面,并选择了 5 个危害较大、典型的滑坡、泥石流进行了勘查,分别剖析其发育特征和形成机制等。

第一节　典型滑坡

一、庙子镇龙王幢村李家庄滑坡

(一)概述

位于栾川县庙子镇龙王幢村李家庄村东部、大清沟的东岸,地理坐标为东经 111°45′01″,北纬 33°51′10″。直接威胁李家庄 20 户近 100 人的生命财产安全。

(二)基本特征

1. 滑坡周界与滑体特征

该滑坡发育于一斜坡上,地势东高西低,西侧李家庄高程 616 m,斜坡顶高程 657 m,高 41 m,总体为一斜坡地形,坡向 285°,一般坡度为 20°~25°,主滑方向前缘坡角 35°,滑坡体上植被发育。李家庄滑坡工程布置及工程地质图如图 5-1 所示。

滑坡后缘出现弧形拉裂缝、下错台阶,依稀显示滑坡体的整体轮廓,与周界没有明显的界限。

滑坡呈扇形,纵长 110 m,前缘宽 110 m,面积 12 100 m²,滑体平均厚度约 30 m,滑坡体积 36.3 万 m³。

2. 滑坡物质结构特征

1)地层结构

沿滑坡体共布置了 3 条剖面,5 个钻孔,最大孔深 16.8 m,穿过全风化花岗岩层,进入中等风化花岗岩最大厚度 5.3 m,表层由第四系黏性土组成,下伏花岗岩(见图 5-2),根据钻探结果(见图 5-3、图 5-4),划分了 4 个工程地质层,现分述如下:

(1)耕植土(Q_4^{al}):褐色,结构松散,以粉质黏土为主,含少量植物根系,含少量黑色铁锰质染斑及结核。层底埋深 0.5~0.7 m,层厚 0.5~0.7 m。

(2)粉质黏土(Q_4^{al}):黄褐色,切面较光滑,含少量黑色铁锰质染斑及结核,无摇震反应,稍有光泽,韧性中等,干强度中等。层底埋深 1.7~5.1 m,层厚 1.0~4.6 m。

(3)中砂(Q_4^{al}):黄褐色,分选性一般,砂粒成分以石英长石为主,含少量砾石,直径 0.5~1 cm,个别较大,分布不均。层底埋深 5.8~8.1 m,层厚 2.8~4.3 m。

(4)全风化花岗岩(Pt):灰色,组织结构已完全破坏,大部分已风化成砂土状。层底埋深 8.5~13.2 m,层厚 1.5~8.1 m。

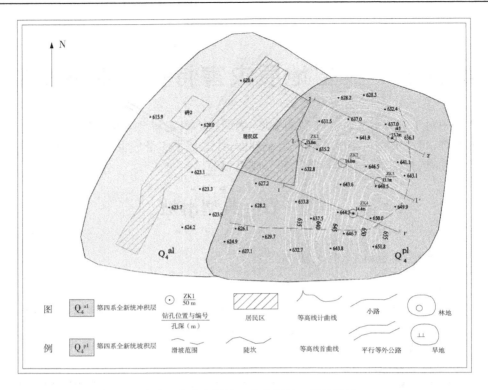

图5-1 李家庄滑坡工程布置及工程地质图

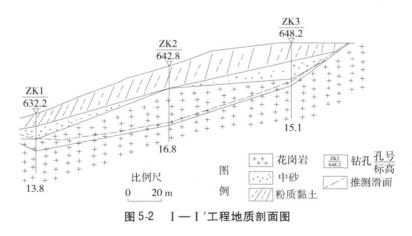

图5-2 Ⅰ—Ⅰ′工程地质剖面图

（5）中风化花岗岩（Pt）：灰黄色，组织结构部分破坏，节理裂隙较发育，花岗结构，块状构造，主要矿物成分为石英长石，次要矿物成分为黑云母。控制深度内未能揭穿，最大揭露厚度5.5 m。

2）滑带

勘查过程中所施工的钻孔，均未发现斜坡体滑移时对周围土体所产生的挤压扰动和产生的滑移擦痕等现象。

根据滑坡体所在的位置和岩土结构判断，该滑坡体目前仍处于整体蠕动变形阶段，在

图 5-3　ZK2 钻孔岩芯　　　　　　　　　图 5-4　ZK3 钻孔岩芯

斜坡土体强度薄弱地段有明显的拉张变形特征。

3）滑床

潜在滑床为上部全风化花岗岩、下部中风化花岗岩。上部花岗岩大部分已风化破碎为砂土状，受下拉力作用，已与母岩脱离。下部的花岗岩，表层风化，节理裂隙较发育，力学性质较差，抗压强度低，抗风化能力低，渗透性较好。

3. 滑坡变形特征

滑坡前缘北侧发生明显的滑动，使一棵直径 20 cm 的大树平移 4 m 并歪倒（见图 5-5、图 5-6）；前缘南侧，斜坡前缘陡坎蠕动变形，毁坏一栋民宅（见图 5-7）。滑坡后缘现存地裂缝一条，延伸方向 230°，长约 80 m，宽约 20 cm，深 15 cm，现存 0.5 m 的下错陡坎（见图 5-8）。

图 5-5　滑坡前缘北侧塌滑之一　　　　　图 5-6　滑坡前缘北侧塌滑之二

图 5-7　滑坡前缘南侧被毁的民房　　　　图 5-8　滑坡后缘下错陡坎

滑面为覆盖层与基岩接触面,空间形态基本上受古地貌控制,为后高前低起伏不大的折曲面,为牵引式滑坡。

该滑坡于1950年开始滑动,1980年又一次滑动,目前不稳定。

(三)失稳机制

根据滑坡体所在的地貌单元、地貌特征和产生滑移的诱因分析,在最不利的持续降雨或暴雨、地震作用条件下,斜坡体就会发生变形,有滑移失稳,可能导致地质灾害形成。

其形成机制如下:

(1)坡角部位的较陡临空面,客观上构成了斜坡体产生滑坡的空间要素。斜坡前地形一般坡角20°～25°,主滑方向前缘坡角35°,因此较陡的坡面为滑坡剪出口提供了充分的滑移空间。

(2)斜坡体的主要物质组成为较厚的第四系残积粉质黏土层和中砂层,下伏古生界花岗岩,大气降水下渗形成浅层地下水,残积粉质黏土、全风化花岗岩接受季节性地下水的反复浸泡,形成强度较低的饱和土体,极易形成滑动带。在持续暴雨或强降雨等外部因素的作用下,因滑体土处于饱水状态,滑体的自重增加,地下水在其内部径流,不断浸泡软化滑体土、降低其抗剪强度,便构成了斜坡失稳、产生滑动的又一重要条件。

(3)大气降水是斜坡蠕变、形成滑坡的决定性因素。斜坡在大气降水过程中,除接受滑体坡面形成的面流水体沿岩土孔隙和洞穴的入渗补给外,还接受较高地势花岗岩裂隙水的补给,大量入渗的大气降水在滑体内径流的过程中,遇到渗透性较小的中等风化花岗岩相对隔水层后,不断聚集软化土体,向上沟通大气降水的运移通道,进而增加滑体内的地下水储水量,在不断增加的水压力下,沿坡积粉质黏土层底面形成地下水通道,使粉质黏土不断遭受潜蚀,扩大了软弱带的面积,促使了滑动带的形成,为滑体提供了滑动的润滑剂。

综上所述,斜坡体前缘存在临空面、大气降水的大量入渗聚集,使滑体土因饱水而增加重度,软化后降低其抗剪强度,在不断增加的水压力作用下,软弱结构面达到贯通状态,就造成了斜坡失稳滑移的地质灾害。

(四)稳定性分析

1. 滑坡破坏模式分析

根据对李家庄滑坡的地表调查及工程勘查,认为李家庄滑坡为全风化花岗岩和残破积土在暴雨的作用下,沿薄弱的滑带土及下覆基岩面发生的一种破坏滑移变形。由于上覆盖层为夹粉质黏土,在种植农作物等人为作用下加大了地表水的透水性,下伏基岩花岗岩为不透水层,造成地下水赋存于上部粉质黏土层与下伏基岩过渡的薄层强风化的花岗岩层中。地下水的长期赋存,长期浸泡、软化土层,降低了其抗剪强度,由于滑坡坡度较陡,根据滑坡的变形特征可以看出,李家庄滑坡为牵引式滑坡。

2. 滑坡稳定性定性分析

通过对李家庄滑坡的工程地质环境、气候影响因素、变形破坏因素及形成机制等特征的综合性分析,认为李家庄滑坡目前处于蠕变阶段,基本处于稳定状态,但是李家庄滑坡在暴雨或地震的激发下将加剧滑坡的变形速度,引起滑坡产生整体失稳而滑移。滑坡的发展趋势有以下几个影响因素:

（1）滑坡处于复背斜构造带范围内，该区域的岩层受到了挤压，岩层完整性比较差，岩层破碎，整体抗剪能力差，不利于稳定。

（2）滑坡变形特征明显（滑坡区的裂缝和台坎）。滑坡变形还在发展，一旦受到外因和内因的影响，将加剧滑坡变形速度直至破坏。

（3）滑坡坡度较陡，并且滑坡基本为沿基岩面层滑坡，对滑坡稳定性极为不利。

（4）滑坡区降雨丰沛，不利于滑坡的稳定性。

综合分析，认为李家庄滑坡目前在多种不利因素的影响下，有继续发展变形破坏外部条件，虽然近期处于基本稳定状态，但若不能及时治理，随着滑坡体变形加剧，就会引起整体失稳，威胁坡脚下居民生命财产安全。

3. 滑坡的物理力学参数

1）滑体岩土物理力学性质

滑体土样主要在探井及探槽采集，采取的土样均及时进行密封、送检。根据岩土工程《土工试验方法标准》（GB/T 50123—1999）相关要求，对李家庄滑坡样品进行了室内土工试验测定，将试验成果进行了平均值、最大值、最小值统计，计算标准差、变异系数、统计修正系数及标准值。

2）滑床岩土物理力学性质

根据钻孔揭露地层情况，李家庄滑坡的滑床为全风化花岗岩，为了解滑床的物理和力学基本性质，在现场通过钻探采取了滑床岩层力学试样，根据岩土工程《土工试验方法标准》（GB/T 50123—1999）相关要求对岩样进行室内试验，其结果见表5-1。

表5-1　室内岩土物理力学试验成果（全风化花岗岩）

试验状态	抗剪强度（天然）		抗剪强度（饱和）	
试验组号	c（MPa）	φ（°）	c（MPa）	φ（°）
ZK4－9	9.3	13.8	7.2	10.8

注：c 为黏聚力，φ 为内摩擦角。

从表5-1中可以看出，本次室内试验的各项指标与当地其他类似工程的岩土样指标较为一致，该成果较符合实际，可用于稳定性计算与评价。

3）滑坡岩土体物理力学参数取值

根据室内土工试验、岩石抗剪试验、岩石现场大容积重度试验、现场大面积剪切试验并结合本地区经验值，滑体及滑带、滑床的岩土层物理力学参数综合取值如表5-2、表5-3所示。

表5-2　滑体及滑带的岩土层物理力学参数综合取值

状态	滑体（粉质黏土）			滑带（全风化花岗岩）		
	γ（kN/m³）	c（kPa）	φ（°）	γ（kN/m³）	c（kPa）	φ（°）
天然	19.35	33.4	16.6	17.5	14.1	8.9
饱和	20.30	29.3	13.5	19.5	11.2	6.9

注：γ 为重度。

表 5-3　滑床强风化花岗岩层物理力学参数综合取值

抗剪强度(天然)		抗剪强度(饱和)	
c(MPa)	φ(°)	c(MPa)	φ(°)
5.1	46.9	3.85	43.8

4)滑动面的确定

根据现场勘查的结果确定滑动面的深度为 3~13 m,对李家庄滑坡的稳定性计算根据剖面 I — I′进行计算分析,其下滑力作为设计工程的主要参数依据。

5)计算模型与计算方法

由于勘查时钻孔未揭露滑面特征,计算模型主要根据工程地质剖面地层分布及钻孔资料的情况,结合地质环境条件与室内分析的滑面(软弱面)计算,滑面按折线型。以薄弱破碎的粉质黏土层、全风化花岗岩和下伏基岩层(强风化花岗岩)为滑动面,以斜坡实测剖面为计算剖面,见图 5-9。

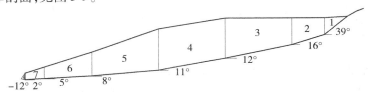

图 5-9　斜坡稳定性及推力计算剖面图 I — I′

根据滑坡的破坏形式和计算模型,采用《滑坡防治工程勘查规范》(DZ/T 0218—2006)附录 E 推荐的滑坡稳定性评价和推力计算公式。

(1)稳定性系数计算公式。

$$K_{f} = \frac{\sum_{i=1}^{n-1}\left(\left(\left(W_{i}\left(\left(1 - r_{u}\right)\cos\alpha_{i} - A\sin\alpha_{i}\right) - R_{Di}\right)\tan\varphi_{i} + c_{i}L_{i}\right)\prod_{j=i}^{n-1}\psi_{j}\right) + R_{n}}{\sum_{i=1}^{n-1}\left[\left(W_{i}\left(\sin\alpha_{i} + A\cos\alpha_{i}\right) + T_{Di}\right)\prod_{j=i}^{n-1}\psi_{j}\right] + T_{n}}$$

其中　　　　　$R_{n} = \left(W_{n}\left(\left(1 - r_{u}\right)\cos\alpha_{n} - A\sin\alpha_{n}\right) - R_{Dn}\right)\tan\varphi_{n} + c_{n}L_{n}$

　　　　　　　$T_{n} = W_{n}\left(\sin\alpha_{n} + A\cos\alpha_{n}\right) + T_{Dn}$

　　　　　　　$\prod_{j=i}^{n-1}\psi_{j} = \psi_{i}\psi_{i+1}\cdots\psi_{n-1}$

式中　ψ_{j}——第 i 块的剩余下滑力传递至第 $i+1$ 条块时的传递系数($j = i$),$\psi_{j} = \cos(\alpha_{i} - \alpha_{i+1}) - \sin(\alpha_{i} - \alpha_{i+1})\tan\varphi_{i+1}$;

　　　W_{i}——第 i 条块的重量,kN/m;

　　　c_{i}——第 i 条块的黏聚力,kPa;

　　　φ_{i}——第 i 条块的内摩擦角,(°);

　　　L_{i}——第 i 条块的滑面长度,m;

　　　α_{i}——第 i 条块的滑面倾角,(°);

　　　β_{i}——第 i 条块的地下水线与滑面的夹角,(°);

A——地震加速度(重力加速度 g);

K_f——稳定系数。

(2)剩余下滑推力计算公式。

$$P_i = P_{i-1}\psi + K_s T_i - R_i$$

其中,传递系数　　　$\psi = \cos(\alpha_{i-1} - \alpha_i) - \sin(\alpha_{i-1} - \alpha_i)\tan\varphi_i$

下滑力　　　　　$T_i = W_i(\sin\alpha_i + A\cos\alpha_i)$

抗滑力　　　　　$R_i = W_i(\cos\alpha_i - A\sin\alpha_i) + c_i L_i$

式中　P_i——第 i 条块的推力,kN/m;

P_{i-1}——第 i 条块的剩余下滑力,kN/m;

W_i——第 i 条块的重量,kN/m;

c_i——第 i 条块的黏聚力,kPa;

φ_i——第 i 条块的内摩擦角,(°);

L_i——第 i 条块的长度,m;

α_i——第 i 条块的滑面倾角,(°);

A——地震加速度(重力加速度 g);

K_s——设计安全系数。

(3)计算工况。

根据本次勘查,坡体上无建筑物,可不考虑建筑荷载;坡体内无稳定的地下水位,不考虑地下水的影响;栾川县抗震设防烈度为 6 度,设计基本地震加速度值为 $0.05g$,设计地震分组为第一组,可考虑地震荷载。

作为降雨引起的斜坡变形,要考虑暴雨对滑带软化的影响,综合该斜坡的特征及各种荷载,本次选定如下几种工况计算、评价该斜坡的稳定性。

按三种工况进行滑坡体的稳定性计算,即自重工况、自重 + 暴雨工况、自重 + 地震工况。

(4)荷载分析。

根据实地调查,勘查区为自然斜坡,斜坡为耕地,滑坡前缘有部分民居。因此,斜坡的稳定性计算和滑坡滑力计算所考虑的荷载组合,按照设置的工况荷载组合进行,没有考虑地面加载。

6)滑动推力及稳定性计算

根据上述确定的计算模型和计算参数,对该斜坡在设计工况和校核工况条件下,分别进行整体稳定性和推力计算,将勘探剖面稳定性计算列于表5-4。

表5-4　斜坡稳定性计算成果汇总

计算剖面	工况条件	稳定系数 F_s	安全系数 K_s	剩余下滑力(kN/m)
I—I′	工况一(自重)	1.28	1.2	0
	工况二(自重 + 暴雨)	0.96	1.2	802.47
	工况三(自重 + 地震)	1.00	1.1	282.95

7）稳定性综合分析

根据《滑坡防治工程勘查规范》（DZ/T 0218—2006）第 12.4.6 条的规定，滑坡稳定状态分级由其稳定系数按表 5-5 确定。

表 5-5　滑坡稳定状态分级

滑坡稳定系数 F_s	$F_s < 1.00$	$1.00 \leqslant F_s < 1.05$	$1.05 \leqslant F_s < 1.15$	$F_s \geqslant 1.15$
滑坡稳定状态	不稳定	欠稳定	基本稳定	稳定

由三种工况的计算结果可知：

（1）在工况一（自重）条件下，斜坡土体的稳定系数计算值为 1.28，故斜坡土体整体上是处于稳定状态。

（2）在工况二（自重 + 暴雨）条件下，一个剖面的稳定系数计算值为 0.96，故斜坡土体整体上是处于不稳定状态。

（3）在工况三（自重 + 地震）条件下，三个剖面的稳定系数计算值为 1.00，故斜坡土体整体上是处于欠稳定状态。

从李家庄滑坡的稳定性计算结果来看，基本与目前滑坡体的状况相符合，因为滑坡区近年少雨、干旱，所以滑坡目前整体上处于基本稳定状态；在暴雨的状况下，滑坡体处于不稳定状态，并且由于滑坡在暴雨及地下水和其他人为因素的影响下，都会改变滑坡体目前的稳定性状态，加速、加大滑坡的变形速率和变形量，直接威胁坡下居民的生产生活，所以建议对该滑坡进行治理。

8）滑坡体稳定性敏感因素分析

斜坡滑体土为残积粉质黏土，因大气降水的入渗浸泡，在粉质黏土内形成了以阻水带顶面软弱带为滑带，以下部坚硬全风化花岗岩为滑床。斜坡地面平均坡度约 31.1°，选取滑带的抗剪强度参数为天然状态下 $c = 14.1$ kPa，$\varphi = 8.9°$；饱和状态下 $c = 11.2$ kPa，$\varphi = 6.9°$，得出该条件下斜坡土体的稳定系数。

对 Ⅰ—Ⅰ′剖面进行演算分析，φ 值每增加 1°和 c 值每增加 1 kPa 情况下，分别计算相应的稳定系数，可以发现 φ 值每增加 1°，稳定性增加 9.38%；c 值每增加 1 kPa，稳定性增加 2.08%。具体见表 5-6。

表 5-6　滑面抗剪强度参数大小对斜坡稳定系数影响的敏感性分析

剖面		Ⅰ—Ⅰ′剖面	
稳定性增加		增加量	增加百分比
滑体土质		粉质黏土、中砂	
滑带土质		全风化花岗岩	
坡面	平均坡度（°）	31.1	
滑面抗剪强度参数	摩擦角 φ（°）	6.9	
	黏聚力 c（kPa）	11.2	
φ 值增加 1°对斜坡稳定系数影响		0.09	9.38%
c 值增加 1 kPa 对斜坡稳定系数影响		0.02	2.08%

二、栾川县三川镇大红村江沟组滑坡

（一）概述

该滑坡位于栾川县三川镇大红村江沟组北侧，为斜坡地貌（见图 5-10、图 5-11）。地理坐标为东经 111°20′06″，北纬 33°54′50″。直接威胁江沟组 12 户近 50 人的生命财产安全。

图 5-10　三川镇大红村江沟组滑坡全景　　　　图 5-11　滑坡体上的台阶状梯田

（二）基本特征

1. 滑坡周界与滑体特征

该滑坡发育于一斜坡上，地势北高南低，滑坡前缘为陡坎（见图 5-12），后缘呈圈椅状，后缘、西侧滑坡壁明显，滑坡壁高 1～2 m（见图 5-13），滑坡壁光滑无植被，滑坡体与周围呈陡坎接触，滑坡周界特征明显，滑坡前缘基岩出露。主滑方向 125°，前缘高程 1 253 m，后缘高程 1 310 m，高 60 m，坡度 40°～50°，滑坡体上及滑坡前缘分布有零散的民房，滑坡体上已经被开垦成梯田（见图 5-11）。大红村江沟组滑坡工程布置及工程地质图如图 5-14 所示，各钻孔岩性统计见表 5-7。

图 5-12　滑坡前缘陡坎　　　　　　　　图 5-13　滑坡后缘陡坎

滑坡呈扇形，纵长 160 m，前缘宽 140 m，前缘高 1～2 m，滑坡体面积 17 600 m²，滑体平均厚度约 8 m，滑坡体积 113.4 万 m³。

滑面为覆盖层与基岩接触面，空间形态基本上受古地貌控制，为后高前低起伏不大的

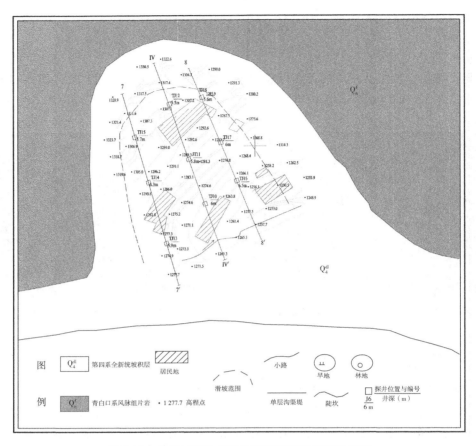

图 5-14　大红村江沟组滑坡工程布置及工程地质图

折曲面，为牵引式滑坡。

表 5-7　钻孔岩性统计 （单位：m）

钻孔	地层						终孔深度
	①耕植土		②粉质黏土		③强风化片岩		
	层底深	层厚	层底深	层厚	层底深	层厚	
TJ10	0.6	0.6	3.0	2.4	6.0	3.0	6.0
TJ11	0.6	0.6	2.5	1.9	5.8	3.3	5.8
TJ12	0.5	0.5	2.4	1.9	5.5	3.1	5.5
TJ13	0.7	0.7	3.0	2.3	5.9	2.9	5.9
TJ14	0.7	0.7	3.1	2.4	6.3	3.2	6.3
TJ15	0.7	0.7	2.2	1.5	5.7	3.5	5.7
TJ16	0.8	0.8	3.7	2.9	6.5	2.8	6.5
TJ17	0.6	0.6	2.4	1.8	6.0	3.6	6.0
TJ18	0.7	0.7	2.5	1.8	5.6	3.1	5.6
合计							53.3

2. 滑坡物质结构土特征

1）地层结构

表层为残积的含砾石黏性土，下伏片岩、侵入岩（见图5-15）。根据现场踏勘及结合邻近区域地质资料，自上而下分为3个工程地质层，现分述如下：

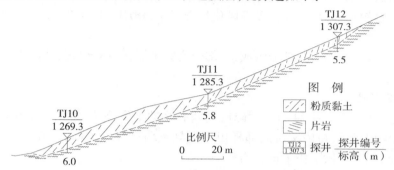

图5-15　Ⅳ—Ⅳ′工程地质剖面图

（1）耕植土（Q_4^{dl}）：褐色，结构松散，以粉质黏土为主，含少量植物根系，含少量黑色铁锰质染斑及结核，零星砾石。层底埋深0.5~0.8 m，层厚0.5~0.8 m。

（2）粉质黏土（Q_4^{dl}）：黄褐色，切面较光滑，含少量黑色铁锰质染斑及结核，无摇震反应，稍有光泽，韧性中等，干强度中等，局部夹少量砾石（见图5-16、图5-17）。层底埋深2.4~3.7 m，层厚1.5~2.9 m。

图5-16　探井10

图5-17　探井16

（3）强风化片岩（Pt）：灰色，组织结构大部分破坏，节理裂隙很发育，变晶结构，片状构造，主要矿物成分为黑云母，次要矿物成分为石英长石。下部为中风化层，最大揭露厚度3.6 m。

2）滑带

勘查过程中所施工的探井，均未发现斜坡体滑移时对周围土体所产生的挤压扰动和产生的滑移擦痕等现象。

根据滑坡体所在的位置和岩土结构判断，该滑坡体目前仍处于整体蠕动变形阶段，在斜坡土体强度薄弱地段有明显的拉张变形特征。

3）滑床

滑床的物质组成为第四系残积的黏土层和强风化片岩层的接触层。

在滑体坡残积物较厚部位,大气降水沿第四系坡积物孔隙入渗,在运移途中受到小的片岩的阻隔形成滞水层后,便以黏土层面径流,降低其抗剪强度而形成滑床。

在坡残积物较薄部位,滑体则以强风化片岩层作为滑床,在有临空面部位剪出而形成滑坡。

所以,该滑坡的滑床由两部分组成:一部分为黏土层,一部分为强风化片岩层,其空间形态呈折线状。

3. 滑坡变形特征

滑坡体于 2010 年 7 月 24 日特大降雨期间有蠕动下滑迹象,滑坡体上梯田陡坎垮塌并出现裂缝,汛期过后,村民又对局部梯田用混凝土墙进行了加固。2011 年汛期又出现蠕动下滑迹象,局部地段下错 1 m 左右。

（三）失稳机制

（1）坡角部位的较陡临空面,客观上构成了斜坡体产生滑坡的空间要素。斜坡前地形一般坡角 20°～25°,主滑方向前缘坡角 30°,因此较陡的坡面为滑坡剪出口提供了充分的滑移空间。

（2）斜坡体的主要物质组成为较厚的第四系残积粉质黏土层,下伏基岩,大气降水下渗形成浅层地下水,残积粉质黏土接受季节性地下水的浸泡,形成强度较低的饱和土体,极易形成滑动带。在持续暴雨或强降雨等外部因素的作用下,因滑体土处于饱水状态,滑体的自重增加,地下水在其内部径流,不断浸泡软化滑体土,降低其抗剪强度,便构成了斜坡失稳、产生滑动的又一重要条件。

（3）大气降水是斜坡蠕变、形成滑坡的决定性因素。斜坡在大气降水过程中,除接受滑体坡面形成的面流水体沿土体孔隙入渗补给外,还接受较高地势片岩裂隙水的补给,大量入渗的大气降水在基岩与土层接触面聚集,扩大了软弱带的面积,促使了滑动带的形成,为滑体提供了滑动的润滑剂。

综上所述,斜坡体前缘存在临空面、大气降水的大量入渗聚集,使滑体土因饱水而增加重度,软化后降低其抗剪强度,在不断增加的水压力作用下,软弱结构面达到贯通状态,就造成了斜坡失稳滑移的地质灾害。

（四）稳定性分析

1. 滑坡破坏模式分析

根据对大红村滑坡的地表调查及工程勘查,认为大红村滑坡为残破积土在暴雨的作用下,沿薄弱的滑带土及下覆基岩面发生的一种破坏滑移变形。由于上覆盖层为夹粉质黏土,在种植农作物等人为作用下加大了地表水的透水性,下伏基岩片岩为不透水层,造成地下水赋存于上部粉质黏土层与下伏基岩过渡的薄层强风化的片岩层中。地下水的长期赋存,长期浸泡、软化土层,降低了其抗剪强度,由于滑坡坡度较陡,根据滑坡的变形特征可以看出,大红村滑坡为牵引式滑坡。

2. 滑坡稳定性定性分析

通过对大红村滑坡所在的工程地质环境、气候影响因素、变形破坏因素及形成机制等特征的综合性分析,认为大红村滑坡目前处于蠕变阶段,基本处于稳定状态,但是大红村滑坡在暴雨或地震的激发下将加剧滑坡的变形速度,引起滑坡产生整体失稳而滑移。滑坡的发展趋势有以下几个影响因素:

(1)滑坡处于大红村复背斜构造带范围内,该区域的岩层受到了挤压,岩层完整性比较差,岩层破碎,整体抗剪能力差,不利于稳定。

(2)滑坡变形特征明显(滑坡区的裂缝和台坎)。滑坡变形还在发展,一旦受到外因和内因的影响,将加剧滑坡变形速度直至破坏。

(3)滑坡坡度较陡,并且滑坡基本为沿基岩面的顺层滑坡,对滑坡稳定性极为不利。

(4)滑坡区降雨丰沛,不利于滑坡的稳定性。

综合分析,认为大红村滑坡目前在多种不利因素的影响下,有继续发展变形破坏外部条件,虽然近期处于基本稳定状态,但若不能及时治理,随着滑坡体变形加剧,就会引起整体失稳,威胁坡脚下居民生命财产安全。

3. 滑坡的物理力学参数

1)滑体岩土物理力学性质

滑体土样主要在探井及探槽采集、采取的土样均及时进行密封、送检。根据岩土工程《土工试验方法标准》(GB/T 50123—1999)相关要求,对滑坡样品进行了室内土工试验测定,将试验成果进行了平均值、最大值、最小值统计,计算标准差、变异系数、统计修正系数及标准值。

2)滑床岩土物理力学性质

根据钻孔揭露地层情况,大红村滑坡的滑床为强风化片麻岩,为了解滑床的物理和力学基本性质,在现场通过钻探采取了滑床岩层力学试样,根据岩土工程《土工试验方法标准》(GB/T 50123—1999)相关要求对岩样进行室内试验,其结果见表5-8。

表5-8　室内岩土物理力学试验成果(强风化麻岩)

抗剪强度(天然)		抗剪强度(饱和)	
c(MPa)	φ(°)	c(MPa)	φ(°)
6.03	39.2	5.35	37.1

从表5-8中可以看出,本次室内试验的各项指标与当地其他类似工程的岩土样指标较为一致,该成果较符合实际,可用于稳定性计算与评价。

3)滑坡岩土体物理力学参数取值

根据室内土工试验、岩石抗剪试验,结合本地区经验值,滑体及滑带的岩土层物理力学参数综合取值见表5-9。

表5-9　滑体及滑带的岩土层物理力学参数综合取值

项目状态	滑体(全风化片麻岩)			滑带(强风化片岩)		
	γ(kN/m³)	c(kPa)	φ(°)	γ(kN/m³)	c(kPa)	φ(°)
天然	19.4	19.6	10.3	17.5	19.1	9.91
饱和	20.4	18.3	9.5	19.5	11.1	6.89

4）滑动面的确定

根据现场勘查的结果确定滑动面的深度为 2~3 m,对大红村滑坡的稳定性计算根据剖面Ⅳ—Ⅳ′进行计算分析,其下滑力作为设计工程的主要参数依据。

5）计算模型与计算方法

由于探槽未揭露滑面特征,计算模型主要根据工程地质剖面地层分布及探井资料的情况,结合地质环境条件与室内分析的滑面(软弱面)计算,滑面按折线型。以薄弱破碎的粉质黏土层和下伏基岩层(强风化片岩)为滑动面,以斜坡实测剖面为计算剖面(见图5-18)。

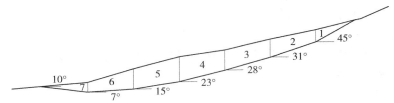

图5-18　斜坡稳定性及推力计算剖面图Ⅳ—Ⅳ′

根据滑坡的破坏形式和计算模型,采用《滑坡防治工程勘查规范》(DZ/T 0218—2006)附录 E 推荐的滑坡稳定性评价和推力计算公式。

(1)稳定性系数计算公式。

$$K_f = \frac{\sum_{i=1}^{n-1}\left(\left(\left(W_i\left(\left(1-r_u\right)\cos\alpha_i - A\sin\alpha_i\right) - R_{Di}\right)\tan\varphi_i + c_iL_i\right)\prod_{j=i}^{n-1}\psi_j\right) + R_n}{\sum_{i=1}^{n-1}\left[\left(W_i\left(\sin\alpha_i + A\cos\alpha_i\right) + T_{Di}\right)\prod_{j=i}^{n-1}\psi_j\right] + T_n}$$

其中　　　　　$R_n = \left(W_n\left(\left(1-r_u\right)\cos\alpha_n - A\sin\alpha_n\right) - R_{Dn}\right)\tan\varphi_n + c_nL_n$

$$T_n = W_n\left(\sin\alpha_n + A\cos\alpha_n\right) + T_{Dn}$$

$$\prod_{j=i}^{n-1}\psi_j = \psi_i\psi_{i+1}\cdots\psi_{n-1}$$

式中符号意义同前。

(2)剩余下滑推力计算公式。

$$P_i = P_{i-1}\psi + K_sT_i - R_i$$

其中,传递系数　　　　$\psi = \cos\left(\alpha_{i-1} - \alpha_i\right) - \sin\left(\alpha_{i-1} - \alpha_i\right)\tan\varphi_i$

下滑力　　　　$T_i = W_i\left(\sin\alpha_i + A\cos\alpha_i\right)$

抗滑力　　　　$R_i = W_i\left(\cos\alpha_i - A\sin\alpha_i\right) + c_iL_i$

式中符号意义同前。

(3)计算工况。

根据本次勘查,坡体上有少量低矮的民房,可不考虑建筑荷载;坡体内无稳定的地下水位,不考虑地下水的影响;栾川县抗震设防烈度为 6 度,设计基本地震加速度值为 $0.05g$,设计地震分组为第二组,可考虑地震荷载。

作为降雨引起的斜坡变形,要考虑暴雨对滑带软化的影响,综合该斜坡的特征及各种荷载,本次选定如下几种工况计算、评价该斜坡的稳定性。

按三种工况进行滑坡体的稳定性计算,即自重工况、自重＋暴雨工况、自重＋地震工况。

(4)荷载分析。

根据实地调查,勘查区为自然斜坡,斜坡为耕地,滑坡前缘有部分民居。因此,斜坡的稳定性计算和滑坡滑力计算所考虑的荷载组合,按照设置的工况荷载组合进行,没有考虑地面加载。

6)滑动推力及稳定性计算

根据上述确定的计算模型和计算参数,对该斜坡在设计工况和校核工况条件下,分别进行整体稳定性和推力计算,将勘探剖面稳定性计算列于表5-10。

表5-10　斜坡稳定性计算成果汇总

计算剖面	工况条件	稳定系数 F_s	安全系数 K_s	剩余下滑力(kN/m)
Ⅳ—Ⅳ′	工况一(自重)	1.69	1.2	0
	工况二(自重＋暴雨)	0.99	1.2	467.34
	工况三(自重＋地震)	1.48	1.1	0

7)稳定性综合分析

根据《滑坡防治工程勘查规范》(DZ/T 0218—2006)第12.4.6条的规定,滑坡稳定状态分级由其稳定系数按表5-11确定。

表5-11　滑坡稳定状态分级

滑坡稳定系数 F_s	$F_s < 1.00$	$1.00 \leqslant F_s < 1.05$	$1.05 \leqslant F_s < 1.15$	$F_s \geqslant 1.15$
滑坡稳定状态	不稳定	欠稳定	基本稳定	稳定

由三种工况的计算结果可知:

(1)在工况一(自重)条件下,斜坡土体的稳定系数计算值为1.69,故斜坡土体整体上是处于稳定状态。

(2)在工况二(自重＋暴雨)条件下,一个剖面的稳定系数计算值为0.99,故斜坡土体整体上是处于不稳定状态。

(3)在工况三(自重＋地震)条件下,三个剖面的稳定系数计算值为1.48,故斜坡土体整体上是处于稳定状态。

8)滑坡体稳定性敏感因素分析

斜坡滑体土为块石土和残积粉质黏土,因大气降水的入渗浸泡,在粉质黏土内形成了以阻水带顶面软弱带为滑带,以下部坚硬的强风化片岩为滑床。斜坡地面平均坡度约30°,选取滑带的抗剪强度参数为天然状态下 $c = 19.1$ kPa,$\varphi = 9.91°$;饱和状态下 $c = 11.1$ kPa,$\varphi = 6.89°$,得出该条件下斜坡土体的稳定系数。

对Ⅳ—Ⅳ′剖面进行演算分析,φ 值每增加1°和 c 值每增加1 kPa 情况下,分别计算相应的稳定系数,可以发现 φ 值每增加1°,稳定性增加6.06%;c 值每增加1 kPa,稳定性增加5.05%。具体见表5-12。

表 5-12　滑面抗剪强度参数大小对斜坡稳定系数影响的敏感性分析

剖面		Ⅳ—Ⅳ′剖面	
稳定性增加		增加量	增加百分比
滑体土质		粉质黏土	
滑带土质		粉质黏土	
坡面	平均坡度(°)	30	
滑面抗剪强度参数	摩擦角 φ(°)	6.89	
	黏聚力 c(kPa)	11.1	
φ 值增加 1°对斜坡稳定系数影响		0.06	6.06%
c 值增加 1 kPa 对斜坡稳定系数影响		0.05	5.05%

第二节　典型不稳定斜坡

一、赤土店镇竹园村河东五组不稳定斜坡

(一)概述

该不稳定斜坡位于赤土店镇竹园村河东五组东侧山坡上,地理坐标为东经 111°36′17″,北纬 33°48′59″,山体坡度 50°~90°,坡体基岩出露,坡体植被发育。由于过去采矿形成山体开裂,形成不稳定斜坡(见图 5-19、图 5-20),坡下即为河东五组村民民房,威胁到 120 人、105 间民房的安全。

图 5-19　不稳定斜坡南部的悬崖

图 5-20　不稳定斜坡北部地貌

(二)岩性及特征

该斜坡宽 300 m,坡顶高程 908 m,坡脚高程 788 m,高约 60 m,坡度 60°~90°,坡向 300°,坡型为直线型(见图 5-21)。山体岩性为蓟县系煤窑沟组硅质条带白云质大理岩夹石煤(见图 5-22),产状 328°∠26°。岩石坚硬,力学强度高,表层风化,强风化层厚 0.4 m,控制性裂隙面产状 60°∠58°,近垂直的节理裂隙发育,使岩体表面较为破碎,形成危岩体。

由于该山体下部有石煤层分布,1974 年开始,当地居民在此进行过采煤活动,目前山坡脚还留有矿洞,开挖石煤引起山体开裂,据野外调查,山的顶部分布一条宽 2 m,长约 500 m,可见深度 2 m 的裂缝(见图 5-23),走向约 40°,进一步形成不稳定斜坡。

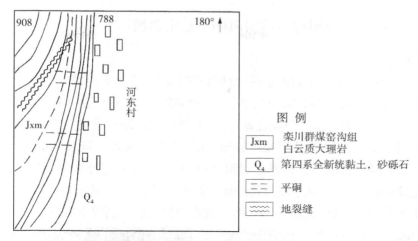

图 5-21　赤土店镇竹园村河东五组不稳定斜坡平面示意图

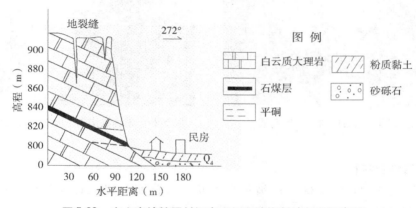

图 5-22　赤土店镇竹园村河东五组不稳定斜坡剖面示意图

(三)稳定性分析

由于采矿形成了大的地裂缝,破坏了山体的整体稳定性,而且节理、裂隙发育,因此经常有危岩体崩塌(见图 5-24),20 世纪 80 年代曾因危岩体崩塌、滚落,砸死 2 人。其稳定性很差,尤其是汛期,在降雨入渗作用下,可能会引发崩塌、滑坡,对河东村居民的生命安全构成巨大威胁。

图 5-23　山体上发育的裂缝

图 5-24　陡坡边缘发生的岩体崩塌

二、赤土店镇东花园村白沙洞南侧不稳定斜坡

(一)概述

该不稳定斜坡位于赤土店镇东花园村白沙洞南侧、赤土店镇经九鼎沟去花园村的公路东侧,地理坐标为东经111°36′46″,北纬33°55′05″。由于修公路开挖路东侧的山坡,形成路边陡坡,岩体原有的节理裂隙发育,再加上开挖边坡卸荷形成的裂隙,使路边边坡存在危岩体,局部稳定性差,形成不稳定斜坡(见图5-25),边坡可能发生崩塌及滑坡,对行驶在公路上的车辆构成威胁;另外在道路靠近沟谷一边,开挖形成的废渣堆在沟谷边坡上,形成道路一侧的填方,这些填方地段在降雨入渗浸泡下,可能沿原有沟谷边坡下滑,破坏路面,形成不稳定斜坡(见图5-26),对行驶在公路上的车辆构成威胁。

图5-25　道路边的不稳定斜坡

图5-26　道路临沟谷一侧的不稳定斜坡

(二)岩性及特征

该不稳定斜坡长约1 000 m,坡顶高1 489 m,路面1 470 m,坡高10～15 m,坡度60°～70°,局部陡立,坡型为直线型,局部为凸型(见图5-27)。边坡岩性为蓟县系官道口组龙家园组的含滑石、白云石大理岩(见图5-28),为中厚层状,产状215°∠64°,表层有0.5 m的强风化层,局部含滑石部位强风化的深度加大,岩石力学强度低,更易形成不稳定斜坡。原地层节理裂隙发育,开挖边坡后又形成卸荷裂隙,据野外调查,共有两组主要裂隙,一组产状320°∠73°,另一组产状36°∠37°,节理发育可见深度4～5 m,节理间距1.3～3.0 m,由于节理裂隙的切割作用,使边坡岩石破碎,在降雨入渗作用下,可能引发崩塌、滑坡,形成不稳定斜坡。

在公路临沟一侧,由开挖的碎石沿沟堆积形成的填方地段,边坡高40～60 m,碎渣沿沟坡堆积,通过自然平衡,形成自然休止角,在降雨作用下可能引发顺层滑坡,造成填方路段垮塌,形成不稳定斜坡,威胁道路行车安全。

(三)稳定性分析

该段道路的不稳定斜坡,在雨季经常发生体积为1～5 m³的崩塌,压盖路面、阻碍交通,交通管理部门经常进行崩塌体的清理,在未来道路运营过程中,还可能发生崩塌,甚至大体积的滑坡,对行车安全构成威胁,稳定性极差。

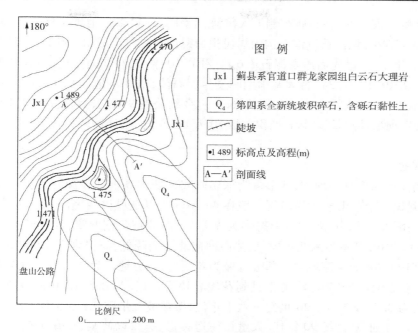

图5-27　赤土店镇东花园村白沙洞南侧不稳定斜坡平面示意图

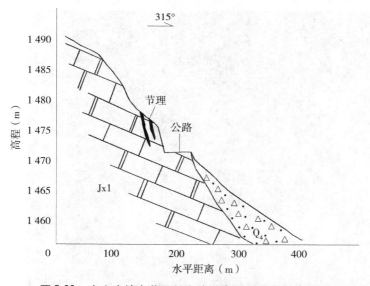

图5-28　赤土店镇东花园村白沙洞南侧不稳定斜坡剖面示意图

第三节　典型泥石流

一、石庙七姑沟泥石流

(一)概述

七姑沟位于伊河南岸、石庙南侧,为发育于伏牛山北麓的一条南北向沟谷,该沟起源于老界岭北侧的大三岔,在石庙东侧汇入伊河,主沟长约 11 km,地理坐标为东经 111°32′35″,北纬 33°47′46″,该泥石流沟对沟内居民生命财产造成严重威胁,威胁人口约 900 人。

自 1953 年至今,已先后爆发泥石流 6 次,死亡 10 余人,经济损失超过 1 500 万元。七姑沟流域于 2010 年"7·24"特大暴雨期间发生泥石流,破坏土地面积 4 836.9 hm²,冲毁房屋 165 间(73 户),威胁房屋 449 间(126 户)、乡级公路 9 km、村级公路 10.3 km、桥梁 18 座(村级)、坝累计总长 27 km,堆积方量 30 万 m³ 左右,累计经济损失 1.68 亿元,危害等级特大。

(二)特征

七姑沟流域属中低山地貌,地形多为深切割或强切割高山陡坡深谷,沟壑纵横,谷深山高,悬崖峭壁,纵横相连,山坡坡度一般在 40°~60°,以观星村老虎沟沟口为界,上游有主要山谷 7 条,呈扇形分布,沟谷形态多为 V 形;下游流域急剧变窄,沟谷形态多为 U 形(见图 5-29)。山岭基本为南北走向,地势由南向北逐渐降低,海拔多在 1 000 m 以上,相对高差最高达 1 200 m。流域内大部分区域为花岗岩,部分地段为片岩。发育有西北东南向大断裂,造成山体较破碎。沟道常见到花岗岩块石,直径为 0.5~3.0 m,另外,山体全风化层厚度为 0.2~2.0 m。20 世纪五六十年代,植被被大量破坏,导致山体岩石裸露,崩塌时常发生。直到 20 世纪 90 年代,大量植树造林,生态得以修复,现在植被覆盖率达到 60%~70%。

图 5-29　七姑沟流域地球影像图

其中,七姑沟主沟和黄石坎沟主沟是最主要的两条泥石流沟道,七姑沟、黄石坎沟的主沟道狭长,支沟扇形分布,沟窄山高。七姑沟主沟道长 13.6 km,控制流域面积约 44 km²(包括黄石坎沟),黄石坎沟主沟长约 10.7 km,控制流域面积约 23.1 km²。

1. 七姑沟主沟

沟首为观星村黄家组，位于中低山地貌，沟谷狭窄，山体陡峭，崩塌现象较发育（见图5-30）。断面形态为V形。沟内堵塞情况较严重，巨石、碎石散布，坡脚可见残坡积物堆积，最大可见厚度约2 m。其主沟沟道较顺直，平均纵坡坡降约112‰，公路沿沟谷右岸蜿蜒，"7·24"特大暴雨时期被毁损严重，现已重修完整。左侧沟道已用干砌石修成护堰，直达石庙。据访问，原河沟沟道较窄，沿山坡坡脚处为平缓阶地，种植有农田，沟底距路面约1.5 m，泥石流爆发时铲刮沟内松散物，切深沟道至少1 m。现仍可见沟内乱石堆积，沟内阶地边坡有冲刷痕迹，松散物储量至少6 000 m³。七姑沟主沟泥石流经人工改造痕迹较严重，完整性仅余20%～25%，大部分堆积体已被人工清运（见图5-31）。

图5-30　七姑沟沟首观星村黄家组　　　　　图5-31　七姑沟主沟沟道堆积物

2. 黄石坎沟主沟

黄石坎沟主沟沟首位于杨树坪，全沟长约7.5 km，以阴坪为界上陡下缓。上游为V形山谷，沟床比降约115‰，两侧山体陡峻，坡度为40°～60°，节理裂隙发育，崩塌滑坡发育，崩积物堆积，多为巨石，最大块径可达15 m，沟道内堵塞严重。自沟首发育溪沟一条，沟内常年有水，流量约350 m³/h。下游地势相对平缓开阔，沟谷宽度为150～300 m，沟床比降约65‰，两侧山体相对高差为30～80 m，坡度40°左右，沟谷自青冈坪以下逐渐拓宽，于观星村观星组汇于七姑沟。

黄石坎沟主沟自青冈坪以上为蟠桃山风景区，青冈坪以下为观星村白土坪组，因"7·24"特大暴雨引发山体滑坡及泥石流，冲毁道路2 200 m、护堰1 400 m、房屋18间、大坝1座，危害等级较大。现仍可见沟内乱石堆积，被冲倒树木横于沟内，堵塞情况相当严重，见图5-32、图5-33。

3. 七姑沟—三道岔支沟

三道岔支沟长约4.5 km，流域面积约3.5 km²，与七姑沟主沟交汇于观星村黄家组。支沟尽头又发育多条岔沟，沟与沟纵横相连。沟内两侧山体坡度多为50°～60°，岩性为燕山期黑云母花岗岩，表层风化强烈，全风化厚度0.2～2.0 m；另外，山坡存在残坡积物，岩性为块石、卵砾及砂砾土。

"7·24"泥石流于此处爆发后于下游600 m处堆积。现今可见堆积物长轴向长约50 m，短轴宽8～20 m，厚0.5～2.5 m，平均粒径0.8～1.5 m，沟内两侧耕地被冲蚀深度约1.5 m，沟口公路被冲毁，见图5-34、图5-35。

图 5-32　蟠桃山风景区内被冲毁道路

图 5-33　黄石坎主沟内堵塞严重

图 5-34　三道岔沟内被冲蚀耕地

图 5-35　三道岔沟沟口堆积区

4. 黄石坎沟—桃山支沟

此支沟于桃山附近又发育一长一短两条岔沟。长沟长约 3.5 km,沟床比降最高约 154‰。沟首为伏牛山滑雪场,人类活动程度高。山体坡度 30°~40°,沟谷宽 30~40 m, 沟谷两侧砌排水道,沟底设置多级引水渠。局部出露基岩岩性为中加里东期复合花岗岩, 较风化,坡面残坡积厚度约 0.3 m。局部小型崩塌发育。伏牛山滑雪场于"7·24"发生泥 石流造成滑雪场多处坍塌,直接经济损失 9 500 万元。

短沟长约 2 km,属 U 形沟谷,沟宽 30~50 m,边坡坡度 30°~40°,沟床比降平均约 70‰,较为平缓。可见基岩出露,岩性为中加里东期中粗粒花岗岩,裂隙发育微弱。沟内 植被发育较好,未见泥石流发育痕迹。

两支沟交汇处地势平坦开阔,有少量堆积物,堆积厚度不均匀,平均厚约 0.8 m,以砾 石为主,粒径多为 0.4~0.8 m。交汇后沟谷变宽,为 60~80 m,堆积物渐少,沟床比降不 足 80‰。

5. 黄石坎沟—大三岔支沟

大三岔支沟全长约 4 km,较顺直,沟床比降大,平均达 122‰,最高可达 200‰,发育 有数级陡坎。两侧山体较陡,峭壁林立,局部形成"锁喉"形状。沟首为大三岔沟,有三条 岔沟,推测西支沟为主要物源形成区。西支沟内堆积大量块石,次棱状—棱状,块径多为 0.4~0.8 m,沟内多倾倒枯树,堵塞严重难以行人,两侧山体坡度为 30°~50°,坡体残坡积物平均厚度为 15～30 cm,最大可见厚度约 1 m,崩塌滑坡发育。下伏基岩岩性为中加里东期复合花岗岩,节理发育,较风化。沟内发育小溪一条,流量不足 3 m³/h。全沟沿途可见堆积体,多为块石巨石(见图5-36、图5-37),方量较大,呈分段式分布,主要集中于西支沟及三岔沟交汇处(见图5-38)、沟谷转弯处、与黄石坎主沟交汇处。交汇处位于阴坪村附近,地处蟠桃山风景区内,堆积有大量卵砾石,堆积体长约 160 m,宽约 80 m,堆积厚度为 2.5～3 m,堆积平面形态呈"哑铃"状,以粒径 0.25～0.4 m 居多,岩性以花岗岩、辉长岩为主。堆积体后缘被一砌石坝拦截(见图5-39),但仍有大量堆积体溢出坝外于坝底堆积,坝体被冲垮一角。堆积区靠近山体处有数间废弃房屋,现可观测到泥位约 1.5 m,泥痕约 3 m,由此可见黄石坎泥石流爆发时规模相当之大。

图5-36　黄石坎—大三岔沟内乱石堆积

图5-37　黄石坎—大三岔沟内崩塌滑坡发育

图5-38　大三岔主支沟交汇处堆积体

图5-39　大三岔沟内堆积体后缘拦渣坝

6. 郭沟

全沟长约 4 km,流域面积 6.4 km²,沟床比降平均为 108‰,沟宽 30～50 m,较为狭窄。两侧坡体坡度 35°～60°,崩塌滑坡发育。自沟首至六间凹距离约占沟长 1/4,但弯道众多,参与泥石流形成物源多数于此被拦截、堆积。沟内乱石杂陈,局部形成台地,植被茂盛,堵塞严重(见图5-40)。六间凹处有一小型岔沟,岔沟沟床比降约 300‰,有大量冲击物堆积于沟口,泥石流发生痕迹较明显(见图5-41)。堆积物呈扇形,长 40 m,宽 80 m,高约 2 m,主要由大量 0.4～1.5 m 砾石组成。下游沟谷宽窄不一,沟道较顺直,堆积物明显减少,发育小溪一条,水量较少,汇入沟口郭沟水库(见图5-42)。水库库坝长 75 m,高120 m,宽 70 m,由浆砌石筑成。沟口无堆积物,地表覆盖为粗砂土。

图 5-40　郭沟沟内堵塞严重

图 5-41　郭沟岔沟堆积体

7. 老虎沟

老虎沟为七姑沟发育最小支沟,于龙潭汇入七姑沟。全沟长 1.3 km,沟谷断面形态呈 U 形,沟底宽约 80 m,沟床比降平均约 70‰,较为平缓,沟深约 1 m,有水流,水清澈,流量较少,约 3 m³/h。两侧山体相对高差为 40 ~ 160 m,坡度平均约 35°,植被茂盛(见图 5-43),未见不良地质现象。

图 5-42　郭沟水库

图 5-43　老虎沟沟内植被茂密

(三)易发程度分析

七姑沟汇水面积大,雨季特别是特大暴雨时,可形成较大动能的水流,七姑沟及支沟内堆积大量的碎石、碎屑物,在雨季边坡引发崩塌、滑坡,又为泥石流提供了丰富的物源,为泥石流的常发提供了基础。自 1953 年至今,已先后爆发泥石流 6 次,死亡 10 余人,七姑沟流域于 2010 年"7·24"特大暴雨期间发生泥石流,破坏土地面积 4 836.9 hm²,冲毁房屋 165 间(73 户),威胁房屋 449 间(126 户)、乡级公路 9 km、村级公路 10.3 km、桥梁 18 座(村级)。在未来还可能发生泥石流,易发程度为高易发。

二、石庙镇常门村柿树沟泥石流

(一)概述

该沟位于石庙镇西侧、伊河南岸,为发育于伏牛山北麓的一条南北向的冲沟,隶属于石庙镇常门村,沟长约 2.0 km,地理坐标为东经 111°29′10″,北纬 33°29′10″,沟内原有零星居民近 10 户,2010 年"7·24"特大暴雨时,这里发生了泥石流,对沟内居民的房屋、土地造成破坏,因此灾后沟内的居民外迁,在沟口建了安置房。沟口东西两侧就是常门村,连同外迁居民,威胁常门村人口140人。

(二)特征

为了查清该泥石流沟的汇水区、流通区及堆积区以及沟内碎屑物的厚度及储量(见图5-44),对该沟布置了探槽、物探,进行了泥石流的勘查工作。经勘查,柿树沟总长约2.0 km,沟底宽50~100 m,长度不大,汇水面积约4 km²(见图5-45),中下游沟底纵坡度不大,纵坡坡降为3%~8%,上游沟谷狭窄,沟谷呈V形,沟底宽10~15 m,沟底坡降为9%~15%,基岩出露,无堆积物,中游沟谷变宽,有逐渐从上游带来的碎屑物沉积,中下游为流通区,并有碎屑物堆积,沟口为堆积区。

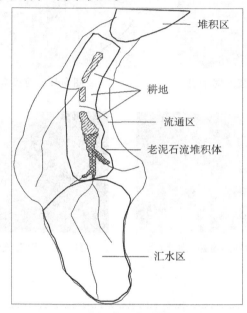

图5-44　柿树沟泥石流平面示意图

图5-45　柿树沟泥石流卫星影像图

（三）易发程度分析

2010年"7·24"特大暴雨期间，由于上游沟坡边坡发生滑坡，滑坡体在沟内堆积，堵塞沟内排水，形成小堰塞湖，堰塞湖决口，在强大水流作用下，引发泥石流的产生，泥石流造成2人死亡，毁坏房屋30间、道路120 m、耕地10亩，直接经济损失50万元。在汛期类似情况可能再次发生，其易发程度为高易发（见图5-46～图5-49）。

图5-46　泥石流刚发生时状况

图5-47　现状条件下沟谷情况

图5-48　泥石流毁坏的道路（现状）

图5-49　泥石流毁坏的民房（现状）

第六章　地质灾害区划与分区评价

第一节　总体评价原则

（1）本次评价充分体现"以人为本"和"可持续发展"的战略新思想,既对地质灾害的易发性进行评价,又考虑了地质灾害对社会的危害和对人民生命财产安全的威胁。

（2）评价以已发生过的地质灾害为背景,既根据调查做出现状评价,又要充分考虑人类工程经济活动及各种外营力条件变化影响做出预测性评价。

（3）地质灾害具有随机性、模糊不确定性和复杂性等特点,因此本次评价采用定量、半定量方法,对地质灾害发生的危险性进行了分析。

（4）评价逐级进行。首先对栾川县全区地质灾害进行易发程度和危险性评价,进而筛选出危险地段进行二次易发程度和危险性评价。

（5）编制的地质灾害易发程度分区图和危险性分区图,力求时空信息量大,实用易懂,可用于防灾决策和指导地质灾害防治。

第二节　地质灾害易发性区划及分区评价

一、地质灾害易发性区划

（一）基于 GIS 的信息量分析模型

信息量分析模型通过计算等影响因素对斜坡变形破坏所提供的信息量值作为区划的定量指标,既能正确地反映地质灾害的基本规律,又简便、易行、实用,便于推广。其计算原理与过程如下:

（1）计算单因素（指标）x_i提供斜坡失稳（A）的信息量 $I(x_i/A)$。

$$I(x_i, A) = \lg \frac{P(x_i/A)}{P(x_i)}$$

式中:$P(x_i/A)$为斜坡变形破坏条件下出现 x_i 的概率;$P(x_i)$为研究区指标 x_i 出现的概率。

具体运算时,总体概率用样本频率计算,即

$$I(x_i, A) = \lg \frac{N_i/N}{S_i/S}$$

式中:S 为已知样本单元总数;N 为已知样本中变形破坏的单元总数;S_i 为有 x_i 的单元个数;N_i 为有指标 x_i 的变形破坏单元个数。

（2）计算某一单元 P 种因素组合情况下,提供斜坡变形破坏的信息量 I_i,即

$$I_i = I(x_i, A) = \sum_{i=1}^{P} \lg \frac{N_i/N}{S_i/S}$$

（3）根据 I_i 的大小，给单元确定稳定性等级：

$I_i<0$ 表示该单元变形破坏的可能性小于区域平均变形破坏的可能性；

$I_i=0$ 表示该单元变形破坏的可能性等于区域平均变形破坏的可能性；

$I_i>0$ 表示该单元变形破坏的可能性大于区域平均变形破坏的可能性，即单元信息量值越大越有利于斜坡变形破坏。

（4）经统计分析（主观判断或聚类分析）找出突变点作为分界点，将区域分成不同等级。

评价指标的基础数据均为定量描述的数据，须采用标准化、规格化、均匀化，或对数、平方根等数值变换方法统一量纲，方可代入评价模型。

（二）评价指标体系建立

地质灾害易发区是指容易产生地质灾害的区域。区划的原理是工程地质类比法，即类似的静态与动态环境条件产生类似的地质灾害；过去地质灾害多发的地区，也是以后地质灾害多发的地区。地质灾害易发程度区划侧重的是滑坡、崩塌、泥石流等地质灾害和自然地质现象发育的数量多少及其活跃程度，评价指标包括已有地质灾害群体统计和地质灾害形成条件两大类。地质灾害易发性分区评价指标体系如图6-1所示。

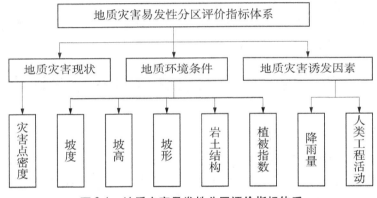

图6-1　地质灾害易发性分区评价指标体系

已有地质灾害群体统计评价指标主要包括地质灾害的数量和规模，在进行此次地质灾害易发程度区划时，采用本次实地调查的灾点资料作为样本来计算单元内地质灾害的点密度。

地质灾害形成条件诸多，包括地形地貌、沟谷切割情况、沟谷密度和发育时期、坡向、坡度、坡高、坡体物质组成及物理力学性质、水文地质条件等。结合前述分析，本次地质灾害易发性评价选取灾害点密度、坡度、坡高、坡形、岩土结构、植被指数、降雨量和人类工程活动等八项主要因素作为评价易发性指标。在地质灾害形成条件分析的基础上，结合前人研究成果，本次参照评价指标贡献率法的计算结果，分析确定了调查区地质灾害易发性区划中各个指标的权重（见表6-1）。

（三）评价指标量化

评价指标包括定量指标和定性指标。对于定量指标，如斜坡的坡度、坡高、降雨量等，取其原始观测值，并做适当的数值变换即可；对于定性指标，如岩土结构、坡型等，需要建立一个评价指标的分级划分标准,根据各项指标对不同级别地质灾害的相对贡献来取值。

表 6-1　地质灾害易发程度区划评价指标权重分配

指标	灾害点密度	坡度	坡高	坡形	岩土结构	植被指数	降雨量	人类工程活动
权重	0.18	0.10	0.08	0.08	0.13	0.15	0.10	0.18

本次栾川县地质灾害详细调查工作积累了两种精度不同的数据,一是重点调查区,1:50 000比例尺数字地形图和地质灾害详细调查数据;二是一般调查区(分布于重点调查区域外围所有地区),为地质灾害评价积累了翔实的资料。整个栾川县工作面积 2 477.7 km²。本次调查涉及 1:50 000 地形图幅 13 幅,图幅编号分别为赵村幅(I49E011015)、白土街幅(I49E012014)、潭头镇幅(I49E012015)、大章幅(I49E012016)、横涧幅(I49E013013)、三川幅(I49E013014)、古城幅(I49E013015)、合峪幅(I49E013016)、木植街幅(I49E013017)、陶湾幅(I49E014014)、栾川县幅(I49E014015)、栗树街幅(I49E014016)、龙王庙幅(I49E015016)。

1. 灾害点密度指标

根据每个乡(镇)的灾害点点密度、面密度、体密度,在 0、1 之间进行归一化差值处理,见图 6-2 ~ 图 6-4。

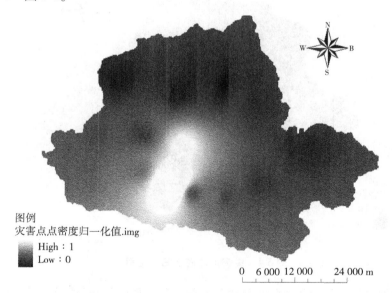

图例
灾害点点密度归一化值.img
High:1
Low:0

0　6 000 12 000　　　24 000 m

图 6-2　灾害点点密度归一化图

2. 坡度指标

利用地理信息系统(GIS)从数字高程模型(DEM)数据中分别提取调查区和栾川县城区的坡度信息,然后进行归一化。由于斜坡多发生在30°~60°,30°以上斜坡发生滑坡、崩塌的频率很高,本区划将 30°以上斜坡的易发程度定义为 1,而 10°以下斜坡发生滑坡、崩塌的频率则很低,其易发程度定义为 0;将 10°~30°的斜坡易发程度按照不同坡度区间滑

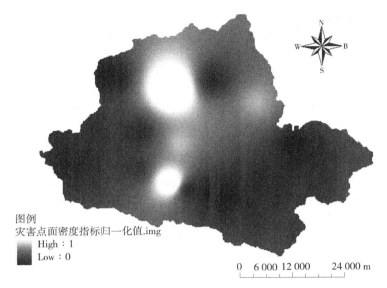

图例
灾害点面密度指标归一化值.img
High：1
Low：0

0　6 000 12 000　　24 000 m

图 6-3　灾害点面密度指标归一化图

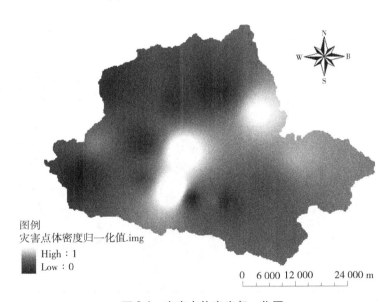

图例
灾害点体密度归一化值.img
High：1
Low：0

0　6 000 12 000　　24 000 m

图 6-4　灾害点体密度归一化图

坡和崩塌自然地质现象发生的概率,进行 0、1 之间的线性归一化,得到坡度指标归一化结果见图 6-5。

3. 坡高指标

本次研究中,利用 GIS 从 DEM 数据中分别提取调查区的坡高信息,然后进行归一化。由于在 0～71 m 没有固定的集中分布,离散型较大,即在各种坡度层次中均有发生。本次将 0～71 m 段的易发程度进行 0、1 之间的线性归一化,得到斜坡高度指标归一化结果见图 6-6。

图 6-5　坡度指标归一化图

图 6-6　坡高指标归一化图

4. 坡形指标

坡形可以利用地表的曲率进行描述和量化,直线形和凸形斜坡在曲率上的体现是曲率≥0,凹形坡和阶梯形坡的曲率<0,因此可利用 ArcGIS 平台从 DEM 数据中分别提取调查区的地表曲率信息,然后进行斜坡坡型的归一化。由于滑坡和崩塌主要发育在直线形斜坡和凸形斜坡上,因此当曲率<0 时,坡面为凹形或阶梯形,易发程度最低;当曲率>0 时,坡面为直线形和凸形,易发程度较高,按照曲率的大小进行 0、1 之间的线性归一化,得到斜坡坡形指标归一化结果见图 6-7。

图例
坡形指标归一化值.img
High：1
Low：0

0　6 000 12 000　　24 000 m

图 6-7　坡形指标归一化图

5. 岩土结构指标

本区位于豫西南山区,岩性复杂,按照岩土工程地质性质划分为八个工程地质岩组。将岩土结构对滑坡、崩塌地质灾害的影响进行 0、1 之间归一化处理,得到岩土结构指标归一化结果见图 6-8。

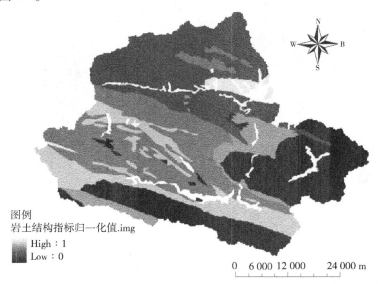

图例
岩土结构指标归一化值.img
High：1
Low：0

0　6 000 12 000　　24 000 m

图 6-8　岩土结构指标归一化图

6. 植被指数指标

采用调查区的 MODIS 遥感数据计算植被指数。在统计分析前将该数据重新采样成 20 m×20 m 的栅格单元,如图 6-9 所示。

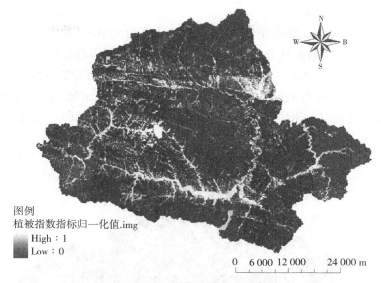

图 6-9 植被指数指标归一化图

7. 降雨量指标

根据调查区的降雨特性,选用降雨不均匀系数来量化降雨因素,将全区降雨不均匀系数进行 0、1 之间归一化差值处理。所谓降雨不均匀系数,是指多年的汛期(7~9 月)平均降雨量与多年的年平均降雨量之比。降雨不均匀系数可以客观地反映出某一地区降雨的不均匀性,即降雨的集中程度,也就是相对的降雨强度。降雨不均匀系数越大,说明降雨比较集中,相对的降雨强度越大,如图 6-10 所示。

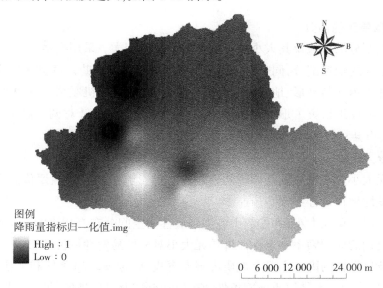

图 6-10 降雨量指标归一化图

8. 人类工程活动指标

人类工程活动对滑坡、崩塌形成发育的影响是极为复杂的,如何定量化反映是个难题。矿山和公路是区内最具代表性的人类工程活动,对灾害影响最明显,且具有贯穿或覆盖全区的特点,本次人类工程活动的量化主要是以矿山和公路为基准线,做缓冲区分析。由于矿山以点状表示,所以做缓冲区 800 m,公路是以线状表示的,分别向两边做缓冲区 300 m,再经栅格化和归一化处理,参与评价。人类工程活动指标归一化结果见图 6-11。

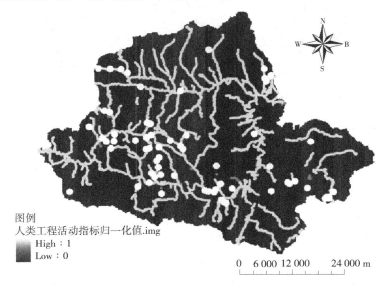

图 6-11　人类工程活动指标归一化图

(四)计算单元的剖分

计算单元剖分的形式及其大小对区划的结果影响较大。采用栅格单元的优点是可利用 GIS 实现单元的快速剖分,同时栅格数据为矩阵形式,可借助计算机快速完成运算;其缺点是栅格评价单元与地形、地貌、地质环境条件信息缺乏有机联系。理想的计算评价单元应当是充分考虑地质灾害形成的地质环境条件。本次研究针对调查区 1∶50 000 比例尺 DEM,将栾川县划分为 11 196 个单元,见图 6-12。

具体划分方法如下:

评价单元大小对滑坡易发性评价的影响是通过影响滑坡易发性评价因子来实现的,其影响在易发性评价过程中逐步传递。

分析每一评价单元大小,各参数中各类别属性的空间分布有相当的工作量,所以采用各参数中各类别的面积频率来表示评价单元大小对滑坡易发性评价的影响。

影响滑坡易发性的因素主要有地质灾害发育现状、地质环境条件和地质灾害诱发因素,其中最为敏感的要素是地质环境条件,它又可细分为坡度、坡向、坡高和坡形等。

从数字高程模型(DEM)获取坡度和坡向的各种算法中或多或少地都有一定的不完善性。评价单元大小对坡向的影响与其对坡度的影响有一定的关系。

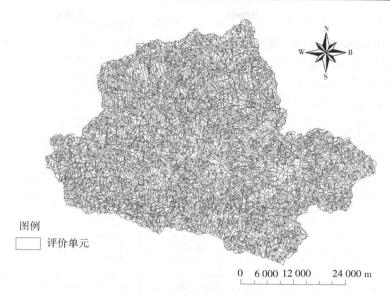

图例

☐ 评价单元

0　6 000 12 000　　24 000 m

图 6-12　栾川县评价单元划分图

1. 基于研究区地形特征的适宜评价大小选取

适宜评价单元的选取与研究区的面积、地形数据的精度、等高线数据中的高差及地貌组合环境均有一定的联系。其中,地形要素是最为主要的滑坡发生影响因子,坡度是影响坡地稳定的敏感参数。地形通常可以分为缓坡、中等坡度和陡坡 3 种类型,陡坡比缓坡更易于发生滑坡。

在进行数据的叠加分析以前,需要对等高线数据进行插值以生成 DEM。计算坡度和坡向数据过程分为两个步骤:①对等高线进行插值获得表面值;②由表面值计算坡度和坡向。

2. 适宜评价单元选择方法

计算单元剖分的形式及其大小对易发性区划的结果影响较大。采用栅格单元的优点是可利用 GIS 实现单元的快速剖分,同时栅格数据为矩阵形式,可借助计算机快速完成运算;其缺点是栅格评价单元与地形、地貌、地质环境条件信息缺乏有机联系。理想的评价单元应当是充分考虑地质灾害形成的地质环境条件。单元选取的敏感性是不相同的,其中最为敏感的要素是地形地貌因素。

在地质灾害形成条件中,河流和沟谷的发育阶段对区内滑坡、崩塌的形成具有明显的综合控制作用,本次采用以沟谷斜坡作为评价单元,该评价单元是以分水线和河谷所限为汇水区域,是滑坡发生的基本地形地貌单元。可根据水文学方法,基于 DEM 借助计算机自动实现评价单元的划分(见图 6-12)。

在水文分析当中,首先进行 DEM 数据的洼地填充;然后,根据填充后的 DEM 求取全区的流向图,基于流向即可获得各单元的累积流量。通过设定流经某栅格单元的最小汇水单元格数,即可得到全区的集水区。显然,随着设定最小汇水单元数的增大,就可得到更大面积的汇水区,同时可通过设定不同的最小汇水单元数对研究区进行不同精度水平的研究。从地形学角度出发，汇水区边界即为分水线。为确定河谷线，采用反向 DEM 数据进行上述水文汇水盆地分析，即将原始 DEM 沿某一水平线反转，原来 DEM 高点变为低点，求取的新的汇水边界就变成了河谷线。使用原始 DEM 数据获得 1 号汇水区，根据反向 DEM 可获取 2 号汇水区和 3 号汇水区，同时可见，1 号汇水区被分为左、右两个部分，即为所求斜坡单元（见图 6-13）。

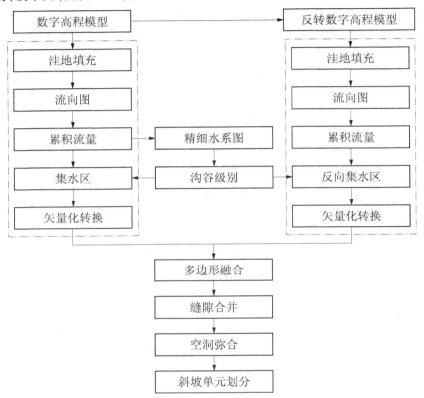

图 6-13　通过 DEM 求斜坡单元的流程

在最终获取斜坡单元栅格数据集的基础上，通过 GIS 软件的栅格矢量转换功能，得到斜坡面域。在此转换过程中，会产生许多假的面集和许多面积很小或不协调面集单元，再次通过 GIS 的融合归并功能，消除不合理元素，最终得到评价单元面数据集。同时，通过统计分析各斜坡单元内所有栅格单元（相应的点集数据集的点）的倾向、倾角、高程等参数，可以得到各斜坡单元（一个斜坡）的主倾向、倾角及斜坡高度。

（五）易发程度等级划分

合理地确定易发程度分区界线值也是区划的关键环节之一。一般采用突变点法和等间距法，本次采用前者。经过统计分析，从中找出突变点作为易发程度分区界线值，将区域划分为非易发、低易发、中易发和高易发四个不同等级的区域，如图 6-14 所示。

根据图 6-14 的分类结果发现：栾川县地质灾害分布规律明显具有地域特点，在人类工程活动比较活跃的区域内，地质灾害较为发育。栾川县中南部伊河中上游河谷及北部小河上游河谷，由于河谷较为开阔，分布大量村庄，乡（镇）政府所在地也在这里，自然生

图 6-14　栾川县地质灾害易发性评价结果划分图

态环境较脆弱,植被覆盖率低。村民切坡建房、村镇建设、道路建设等人类工程活动的不合理切坡,破坏了自然斜坡坡脚,导致边坡稳定性下降,诱发了各种地质灾害的发生。伏牛山北麓、崤山南麓及小河与伊河之间的山区,人口稀少,人口密度小,局部为林区,植被良好,人类工程活动较轻微,地质灾害则较少发生。

(六)结果验证

河南省栾川县地处豫西南中山区。2011 年对该区域的地质灾害进行了详细调查,发现栾川县的地质灾害以滑坡、泥石流为主,在已调查的 221 个全部地质灾害调查点中,滑坡 191 处、泥石流(隐患)13 处,占总灾害数的 92.3%。将详细调查结果根据其经纬度与定量评价结果进行空间叠加分析,分析结果如图 6-14 所示。从图 6-14 可以看出,实测地质灾害隐患点绝大多数都分布在中、高区域。由此可见,实际调查结果与定量分析所得结果吻合较好。

二、地质灾害易发性分区评价

根据地质灾害易发性评价结果,滑坡、崩塌、泥石流等地质现象分区及地质灾害点的分布情况,综合考虑地形地貌、岩土体类型和结构特征以及人类工程活动影响范围及强弱程度,对调查区地质灾害易发程度进行 1:50 000 分区。

(一)栾川县 1:50 000 地质灾害易发性分区评价

1:50 000 易发性评价分区划分结果见图 6-14,在进行 1:50 000 分区时,由于非易发区面积小,考虑到该区地形多为山地,因此把非易发区划入低易发区。这样,划分了三个易发区,即高易发区、中易发区、低易发区,程度分区统计如表 6-2 所示。

1. 高易发区(Ⅰ)

受地形地貌、地质构造、降雨量、植被指数、人类工程活动等因素的控制与影响,地质灾害高易发区主要分布在小河河谷,包括白土镇、狮子庙镇、秋扒乡及潭头镇政府所在地一带;伊河河谷及北侧支流区,涉及陶湾镇、石庙镇、城关镇、栾川乡、白土镇、庙子镇政府所在地及县城一带;淯河河谷区,包括冷水镇、三川镇、叫河镇政府所在地一带;明白河河谷,包括合峪一带。总面积约 888.3 km²,占全区面积的 35.9%。该区城市及村镇化建设速度较快,人口密度大,公路沿线边坡开挖量大,存在大量的矿业活动,人类工程活动强烈。该区发育地质灾害点 175 处,其中滑坡 153 处、崩塌 3 处、泥石流 9 处、不稳定斜坡 9 处、地面塌陷 1 处。进一步可划分为 3 个亚区,现分别描述如下。

表 6-2　栾川县地质灾害易发程度分区说明

分区及代号	面积（km²）	占全区面积（%）	亚区及代号	面积（km²）	占亚区的面积（%）	地质灾害及不良地质灾害点的数量						地质灾点密度（处/km²）
						滑坡	崩塌	泥石流	不稳定斜坡	地面塌陷	总计	
高易发区（Ⅰ）	888.3	35.9	白土—狮子庙—秋扒—潭头亚区（Ⅰ₁）	253.9	28.6	36	0	0	2	1	39	0.15
			冷水—三川—叫河、陶湾—石庙—城关—栾川—白土—庙子亚区（Ⅰ₂）	588.9	66.3	111	3	9	7	0	130	0.22
			明白河河谷亚区（Ⅰ₃）	45.5	5.1	6	0	0	0	0	6	0.13
中易发区（Ⅱ）	863.5	34.9	庙子沟—王梁沟—孤石沟—雁岭关亚区（Ⅱ₁）	148.5	17.2	6	0	1	0	0	7	0.05
			关爷庙—板叉沟—花园亚区（Ⅱ₂）	221.9	25.7	6	0	1	1	0	8	0.04
			栗树沟—扫帚坡—石窑沟亚区（Ⅱ₃）	64.6	7.5	4	0	0	0	0	4	0.06
			庙子镇东部—合峪镇亚区（Ⅱ₄）	428.5	49.6	7	0	0	0	0	7	0.03
低易发区（Ⅲ）	725.0	29.2	崤山南麓西羊道沟—羊圈岭—潭峪沟亚区（Ⅲ₁）	259.1	35.7	2	0	0	0	0	2	0.008
			潭头南、庙子北牛心朵—大石窑—鸭石沟亚区（Ⅲ₂）	199.2	27.5	0	0	0	1	0	1	0.005
			叫河北侧莘园沟—油坊沟亚区（Ⅲ₃）	45.1	6.2	0	0	0	0	0	0	0
			伏牛山北麓亚区（Ⅲ₄）	221.6	30.6	1	0	0	1	0	2	0.009

1) 白土—狮子庙—秋扒—潭头亚区（Ⅰ₁）

该亚区主要集中在栾川县北部的小河河谷地带,包括白土街、狮子庙镇、秋扒镇、狮子庙镇及潭头镇政府所在地等人口稠密地带。面积约 253.9 km²,占高易发区面积的 28.6%。该区发育地质灾害点 39 处,其中滑坡 36 处、不稳定斜坡 2 处、地面塌陷 1 处。

该亚区地质灾害点密度为 0.15 处/km²。

2）冷水—三川—叫河、陶湾—石庙—城关—栾川—白土—庙子亚区（I₂）

该亚区分布于伊河河谷及北侧低山区，包括陶湾镇、石庙镇、城关镇、栾川乡、白土镇、庙子镇、冷水镇、三川镇、叫河镇政府所在地及县城一带。面积约 588.9 km²，占高易发区面积的 66.3%。该区发育地质灾害点 130 处，其中滑坡 111 处、崩塌 3 处、泥石流 9 处、不稳定斜坡 7 处。该亚区地质灾害点密度为 0.22 处/km²。

3）明白河河谷亚区（I₃）

该亚区位于明白河河谷地带，包括合峪镇。面积约 45.5 km²，占高易发区面积的 5.1%。该区发育地质灾害点 6 处，全为滑坡。该亚区地质灾害点密度为 0.13 处/km²。

2. 中易发区（II）

地质灾害中易发区主要分布在小河河谷北部山区、小河与伊河之间的中山区、庙子镇东侧及合峪镇大部分地区。总面积约 863.5 km²，占全区面积的 34.9%。该区人口较多、人类工程活动较强烈、地形起伏大、沟谷切割深。在外营力作用下，时常有滑坡、崩塌等地质灾害发生。该区发育有各类地质灾害点 26 处，其中滑坡 23 处、泥石流 2 处、不稳定斜坡 1 处。进一步可划分为 4 个亚区，现分别描述如下。

1）庙子沟—王梁沟—孤石沟—雁岭关亚区（II₁）

该亚区主要分布在小河河谷北侧广大山区。面积约 148.5 km²，占中易发区面积的 17.2%。该亚区发育地质灾害点 7 处，其中滑坡 6 处、泥石流 1 处。该亚区地质灾害点密度为 0.05 处/km²。

2）关爷庙—板叉沟—花园亚区（II₂）

该亚区分布于小河与叫河之间的中山区。面积约 221.9 km²，占中易发区面积的 25.7%。该区地形起伏大，沟谷切割深，人口较多，人类工程活动较强烈，有滑坡、泥石流、不稳定斜坡地质灾害发生，共 8 处，其中滑坡 6 处、泥石流 1 处、不稳定斜坡 1 处。该亚区地质灾害点密度为 0.04 处/km²。

3）栗树沟—扫帚坡—石窑沟亚区（II₃）

该亚区分布于叫河镇南部山区，该区地形复杂，人口密度较大，人类工程活动较强烈。面积约 64.6 km²，占中易发区面积的 7.5%。该亚区发育地质灾害点 4 处，全为滑坡灾害点。该亚区地质灾害点密度为 0.06 处/km²。

4）庙子镇东部—合峪镇亚区（II₄）

该亚区分布于庙子镇东部、合峪镇大部分地域内。面积约 428.5 km²，占中易发区面积的 49.6%。该亚区发育地质灾害点 7 处，全为滑坡灾害点。该亚区地质灾害点密度为 0.03 处/km²。

3. 低易发区（III）

地质灾害低易发区主要分布在伏牛山北麓、崤山南麓一带，以及庙子北部—潭头南部中山区。该区地势高、沟谷切割深、坡度陡、地形条件复杂，但村庄稀少或无村庄分布，人口稀少，人类工程活动弱，有的地区为自然保护区，该区地质灾害不发育。该区面积约 725.0 km²，占全区面积的 29.2%。该低易发区发育地质灾害点 5 处，其中滑坡 3 处、不稳定斜坡 2 处。进一步可分为 4 个亚区,现分别描述如下。

1)崤山南麓西羊道沟—羊圈岭—潭峪沟亚区(Ⅲ₁)

该亚区主要集中在崤山主峰南侧,地形复杂,人口稀少,自然生态良好,人类工程活动弱。该区面积 259.1 km²,占低易发区面积的 35.7%。该亚区发育滑坡 2 处。地质灾害点密度为 0.008 处/km²。

2)潭头南、庙子北牛心朵—大石窑—鸭石沟亚区(Ⅲ₂)

该亚区主要分布于庙子北部、潭头南部的中山区,面积 199.2 km²,占低易发区面积的 27.5%。该亚区发育地质灾害点 1 处,为不稳定斜坡。地质灾害点密度为 0.005处/km²。

3)叫河北侧苇园沟—油坊沟亚区(Ⅲ₃)

该亚区主要分布于叫河乡西北地区。面积 45.1 km²,占低易发区面积的 6.2%。该亚区未发现地质灾害。

4)伏牛山北麓亚区(Ⅲ₄)

该亚区主要分布于伏牛山北麓一带,海拔高,山体坡度陡,沟谷切割深,地形条件复杂,但是,该区村庄少,人口稀少,局部为自然保护区,自然生态良好。面积 221.6 km²,占低易发区面积的 30.6%。该亚区发育地质灾害点 2 处,其中滑坡 1 处、不稳定斜坡 1 处。地质灾害点密度为 0.009 处/km²。

第三节　地质灾害危险性区划及分区评价

本次危险程度分析亦采用基于 GIS 的信息量叠加法。由于和地质灾害易发区划分采用的方法、评价指标体系建立、指标量化、评价单元剖分等相同或相近,故仅简述之。

一、地质灾害危险性区划

(一)危险性评价指标体系

地质灾害危险区是指明显可能发生地质灾害且将可能造成较多人员伤亡和严重经济损失的地区。因此,其区域划分应基于地质灾害演化趋势,采用造成损失的地质灾害点,结合地质灾害形成条件与触发因素、演变趋势与人类工程活动,从而圈定不同区域地质灾害的危险程度。

依据此原则,在地质灾害形成条件分析的基础上,采用目标分析方法建立了栾川县滑坡危险程度评价的 4 层结构指标体系(见图 6-15)。

1. 灾害历史

灾害历史即已有地质灾害群体统计,主要考虑已有造成损失的滑坡、崩塌的数量和规模。鉴于遥感解译而未经调查的滑坡、崩塌,以及不稳定斜坡一般都属于未造成损失的自然地质现象,故本次以已经造成或有潜在危害的实际调查的滑坡、崩塌、不稳定斜坡为依据,采用其点密度、面密度和体密度来表征。

2. 基本因素

基本因素指控制和影响地质灾害发生地质环境条件背景,如坡度、坡高、坡形和岩土

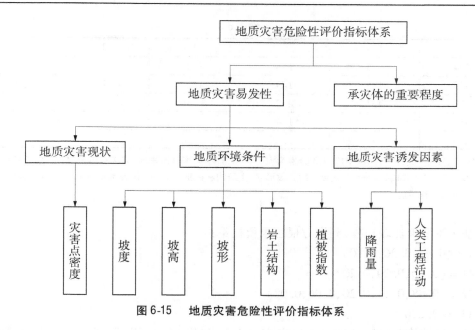

图 6-15　地质灾害危险性评价指标体系

结构等。

3. 诱发因素

诱发因素指诱发(或触发)地质环境系统向不利方向演化甚至导致地质灾害发生的各种外动力和人类活动因素,包括降雨量和人类工程活动。

4. 地质灾害的承灾体的易损程度

地质灾害的形成是灾害体和承灾体在时间和空间上产生耦合作用的结果,因此地质灾害的承灾体的易损程度是地质灾害危险性的重要组成部分。

确定权重的方法主要包括专家打分法、调查统计法、序列综合法、公式法、数理统计法、层次分析法和复杂度分析法。其中,层次分析法是由多位专家的经验判断并结合适当的数学模型再进一步运算确定权重的,是一种较为合理可行的系统分析方法。本次研究就采用这种方法,填写灾害重要性比较矩阵(见表 6-3)。

表 6-3　区域滑坡危险程度综合评价指标体系重要度比较矩阵

A	A1	A2	A3		
A1	1	3	5		
A2	1/3	1	3		
A3	1/5	1/3	1		
A1	A11	A12	A13		
A11	1	3	3		
A12	1/3	1	1		
A13	1/3	1	1		
A2	A21	A22	A23	A24	A25
A21	1	3	4	5	5
A22	1/3	1	1/2	3	4

续表6-3

A23	1/4	2	1	3	2
A24	1/5	1/3	1/4	1	1
A25	1/5	1/3	1/2	1	1
A3	A31	A32			
A31	1	1/4			
A33	4	1			

注：A1代表灾害历史因素，A11、A12、A13分别为灾害点点密度、灾害点面密度、灾害点体密度；A2代表基础因素，A21、A22、A23、A24、A25分别为坡度、坡高、坡形、岩土结构和植被指数；A3代表诱发因素，A31、A32分别为降雨量、人类工程活动。

基于重要度比较矩阵，利用方根法求得权重：

$A = (0.64, 0.26, 0.10)$

$A1 = (0.60, 0.20, 0.20)$

$A2 = (0.48, 0.18, 0.20, 0.06, 0.08)$

$A3 = (0.2, 0.8)$

经一致性检验可知：$CRA < 0.1$，$CRA1 < 0.1$，$CRA2 < 0.1$，$CRA3 < 0.1$。可知，各判断矩阵满足一致性，所获得的权重值合理。

（二）评价指标量化

与易发区评价指标量化过程类似，仍然以栾川县1∶50 000比例尺数字地形图和地质灾害详细调查数据为基础，分别提取基本评价指标：坡度、坡高以及坡形（坡形指标以地面曲率表示）和已有滑坡、崩塌群体统计指标。由于完全基于调查地质灾害点数据，因此能够获取评价单元内精确的灾害点点密度、面密度和体密度。

同样，植被指数参照栾川县土地利用现状图，对全区的植被指数进行赋值，作为全区植被情况的量化值。人类工程活动的量化是以调查区的公路为基准线分布向两侧做300 m的缓冲区，矿山以点状表示，向四周做缓冲区800 m，以ArcGIS为工具，分别做出上面同易发区类似的全区及城区的各个指标量化分级图，然后生成数字矩阵作为后面评判的基础数据集。

（三）评价单元剖分

本次危险程度评价单元的剖分与易发程度区划的单元剖分一致。整个调查区划分为11 926单元。

（四）基于GIS的信息量叠加

1. 运算方法及结果

将上述各个评价指标的量化值生成数字矩阵，利用GIS系统的空间叠加与统计功能，计算每一个单元格的所有评价指标值，然后得到数字矩阵的计算结果。再利用ArcGIS平台提供的分析计算功能，将研究区各评价单元数据按照权重分配结果，分级进行信息量叠加计算，获取每个单元的危险程度指标。

2. 危险性等级分区

综合前面的分析，本次研究经统计分析（主观判断或聚类分析）找出突变点作为分界点,将区域分成划分为低危险、中危险和高危险三个等级(见表6-4),对上面的评判计算结果进行分级,在定量计算分级分区的基础上,综合考虑各种因素,人工勾画出栾川县地质灾害危险性评价分区图(见图6-16)。

表6-4　地质灾害危险性等级分区

等级	低危险区	中危险区	高危险区
标准	0~0.3	0.3~0.6	0.6~1

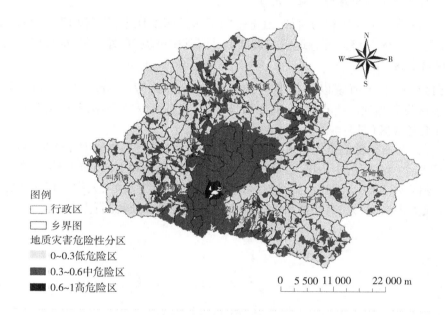

图6-16　栾川县地质灾害危险性评价分区图

二、地质灾害危险性分区评价

依据地质灾害危险性区划的原则和栾川县地质灾害危险性评价分区图,将地质灾害危险性划分为高危险区、中危险区、低危险区3个级别的区域。现分区评价描述如下。

(一)高危险区(Ⅰ)

地质灾害高危险区主要分布于伊河河谷的中上游,涉及陶湾镇、石庙镇、栾川乡、城关镇。总面积约164.8 km²,占全区面积的6.7%。区内常住人口密,该区城化建设速度较快,分布有公路、城市建筑以及鸡冠洞等旅游地,是栾川县最繁荣的地带。区内发育灾害点46处,其中滑坡37处、崩塌点3处、泥石流4处、不稳定斜坡2处。

(二)中危险区(Ⅱ)

中危险区主要分布于伊河河谷、小河河谷、清河河谷,涉及白土镇、狮子庙镇、潭头镇、庙子镇、赤土店镇、三川镇、冷水镇、叫河镇。总面积约766.3 km²,占全区面积的30.9%。分为4个亚区,分述如下。

1. 县城周边中危险亚区（Ⅱ₁）

该亚区呈椭圆形,分布于高危险区的外围,包括三川镇、冷水镇、陶湾镇及石庙镇的外围部分。面积 367.9 km²,占中危险区面积的 48.0%。该区发育地质灾害点 66 处,其中发育滑坡 53 处、崩塌 1 处、泥石流 7 处、不稳定斜坡 5 处。

2. 潭头及以南伊河河谷中危险亚区（Ⅱ₂）

该亚区分布于潭头镇及以南伊河河谷两岸。面积 183.8 km²,占中危险区面积的 24.0%。该区发育地质灾害点 29 处,其中滑坡 27 处、不稳定斜坡 2 处。

3. 白土—狮子庙中危险亚区（Ⅱ₃）

该亚区分布于小河河谷的西部,白土—狮子庙及南部地带。面积 177.1 km²,占中危险区面积的 23.1%。该区发育地质灾害点 11 处,其中滑坡 10 处、无地面塌陷 1 处。

4. 叫河亚区（Ⅱ₄）

该亚区分布于叫河镇以西的叫河河谷地带。面积 37.5 km²,占中危险区面积的 4.9%。该区发育地质灾害点 7 处,其中滑坡 5 处、泥石流 1 处、不稳定斜坡 1 处。

（三）低危险区（Ⅲ）

低危险区分布于除高危险区和中危险区外的广大地区,主要集中在伏牛山北麓、崤山南麓、伊河与小河之间的中山区、合峪镇范围内。该区面积约 1 545.7 km²,占全区面积的 62.4%。该区人口稀少,面积广阔,植被覆盖率高,自然生态良好,人类工程活动微弱。该区发育地质灾害点 58 处,其中滑坡 55 处、不稳定斜坡段 2 处、泥石流 1 处。

第七章 地质灾害防治对策建议

第一节 地质环境保护与防治

地质环境保护是预防地质灾害的根本措施。为了保护人民生命财产安全,保障经济和社会的可持续发展,必须在以人为本与构建和谐社会的思想指导下,坚持科学发展观,切实保护改善和合理利用地质环境,防治地质灾害。

栾川县位于豫西南中低山区,其地质环境主要具有以下特点:

(1)属暖温带大陆季风性气候,四季分明,年雨量分布不均,降雨主要集中于 6～8 月,年际降雨量差别大。

(2)地貌以中低山为主,山间沟谷发育,多发育 V 形谷,地形较为破碎,适宜城镇及重要工程设施建设的地形条件较差。

(3)该区地形坡度陡,沟谷切割深,高差大,地形条件复杂,滑坡崩塌泥石流等地质灾害严重。

(4)该区地处华北地层区豫西分区,出露地层岩性复杂,岩土体工程地质性质差异很大,加上构造形成的节理裂隙,破坏了岩土的完整性,在斜坡地带为降水快速入渗提供了通道,地下水活动成为地质灾害发生的重要影响因素。

(5)人类工程活动主要集中于河谷地区,栾川县不合理的人类工程活动已成为引发区内地质灾害的重要因素。

针对不同地质地貌单元,实行保护和利用相结合的方针;高度重视地质环境保护与地质灾害防治规划;加强地质环境监测与资料积累;继续重视地质灾害防治知识教育与群测群防网络建设。

第二节 地质灾害防治原则

针对本区地质环境特点,地质灾害环境保护与地质灾害防治应该坚持以下八项原则:

(1)矿业开采与环境治理结合原则。

栾川县是矿业大县,矿业开采是栾川县经济快速发展的发动机,矿业开采、经济发展应当和矿山环境保护、地质灾害的防治紧密结合,切不可重发展轻保护或不保护,甚至认为要发展就不能保护,将二者对立起来。发展经济是社会发展的必然选择,地质环境又是发展经济重要的自然条件,因此保护地质环境防治灾害发生也就是从根本上促进经济发展,二者是一致的、统一的。

地质环境是人类永久生存所需的基本环境,一旦受到破坏将对人类的生存产生深远影响,且难以恢复。应从经济社会可持续发展战略高度出发,有的经济活动所带来的环境破坏在当代显现得不是那么突出,可能表现出一时的或者是明显的经济效益,但为将来以及后世子孙的生存环境却埋下了极大的隐患。这是应当引起人们特别注意之处。保护地质环境,不仅是当前的需要,更是经济可持续发展的需要。

(2)与新农村建设相结合的原则。

建设社会主义新农村,是党中央在新的历史条件下着眼于全面落实科学发展观、加快推进社会主义现代化做出的一项重大战略决策。在地质灾害防治各项工作中,要结合新农村建设的实际需要,特别是针对基础设施建设、村庄及农宅建设方面做好地质灾害防治工作,确保新农村建设的顺利实施。另外,受到地质灾害危害的村民可通过补偿搬迁,在新农村建设中,可考虑以乡(镇)为单位,统一规划建设新的民居,搬迁安置受到地质灾害危害的村民。

(3)与环境保护和灾害防治相结合的原则。

开展地质灾害防治要与区域地质环境保护密切结合,以地质环境保护为基础,大力推广退耕还林工作、天然林保护、伏牛山地质公园建设工作,进一步加强植被和绿化建设,增加植被覆盖率,减弱和消除地质灾害形成因素。通过做好区域环境保护工作,从根本上减少和防止地质灾害的形成,达到防治的目的。

(4)保护优先,防治结合的原则。

在保护与防治中,要加强地质环境保护意识,在发展经济建设与地质环境保护出现矛盾的时候,首先要考虑的是地质环境保护。应坚持避免对地质环境的破坏,实在难以避免时应将破坏降低至最低,甚至另寻他策,不能以牺牲地质环境为代价去换取一时的经济效益。

此外,从地质灾害防治意义上讲,要以防为主,以治为辅,防治结合。一旦形成地质灾害隐患,治理起来非常被动;而保护地质环境,则是变被动为主动,防患于未然。建立一支懂技术、有装备的地质灾害监测队伍,落实乡(镇)、村和户群众性监测网,走群测群防、群专结合的路子。实行汛期地质灾害防治特殊工作制度,把握重点、危险点,千方百计地减少地质灾害造成的人员伤亡和财产损失。对必须采取工程措施的要及时排危排险,消除地质灾害的威胁。要改变只重救灾、不重防灾的局面,变事后救灾为事前防灾,掌握地质灾害防治工作的主动权。

(5)工程措施与生物措施相结合的原则。

工程措施与生物措施是地质环境保护的两种主要方法,应将二者很好地结合起来,不可重此薄彼。工程措施如建立拦石坝、疏导渠主要是治理泥石流;设置抗滑桩是为了防止滑坡继续下滑,村民切坡建挡土墙也是为了预防滑坡、崩塌的发生,具有立竿见影的治理效果,但对于地质灾害来说,不能从根本上改变地质环境,防止地质灾害的发生,治标不治本。生物措施如植树造林主要是保护坡面,增强坡面完整性,涵存降水,减少地质灾害的发生,但生物措施往往需要一定的时间才可以发挥其最大效益。因此,二者相结合,标本兼治,从而有效地预防地质灾害的发生。

(6)统筹兼顾突出重点的原则。

地质灾害防治是一个系统工程,要做到统筹兼顾,突出重点。针对不同地质环境条件下地质灾害的危险程度和危害性大小,根据财力物力,分轻重缓急,统筹安排。首先是对于人民生命具有重大威胁性的地质灾害先行考虑重点安排,予以防治,确保没有人员的伤亡;其次是威胁到国家重点工程事关人民群众安危和生活的重要基础设施,要重点考虑,保障建立和谐社会的需要。

(7)保证安全下的经济合理原则。

根据风险评估结果,结合投资大小,比较搬迁和防治的经济效益、社会效益和环境效益,以较小的代价将地质灾害损失降到最低。保证安全是前提,经济合理是目标,二者的关系一定要摆正。只有保证安全,才能实现经济合理,这样的经济合理才具有实际意义。

(8)宣传教育与法制管理相结合的原则。

保护与防治需要动员全社会的力量,全员参加,共同努力,才能收到明显的效果。不仅是主管和专业部门的事,更是全民的责任和义务。因此,需要开展广泛的社会宣传教育,提高全员保护与防治意识,让变成大家的自觉行动。此外,还必须制定和完善相关法制法规,将地质环境保护纳入法制化轨道,对于破坏地质环境的行为予以坚决打击,从而有力制止违法。

第三节　地质灾害防治措施

地质灾害防治措施较多,一般包括避让措施、生物措施、工程措施、行政措施、法律措施等,这些措施在本区均适用。本节仅针对调查区地质环境条件,依据本次总结的地质灾害发育特征和分布规律,为新农村建设、城市建设、重要工程基础设施建设提供场地选择和边坡设计方面的建议。

一、场地选择

栾川县沟壑纵横,地形破碎,建设场地狭窄且多靠边坡,建设场地首先要考虑的是场地斜坡的稳定性问题。在对比场地工程地质条件的基础上,还应进一步考虑坡体地质结构、坡度、降雨量及地下水活动等因素,综合确定适宜的建设场地。

(一)避开崩滑、滑坡及不稳定性斜坡等危险地段

根据野外地质灾害详细调查结果,避免在已有滑坡上选择建设场地,避开地形破碎的高陡边坡,对于一些老滑坡,目前稳定,但在人类工程活动、降雨、河流冲刷等作用下,极易局部复活或整体复活,尽量避免选择此类场地作为建设用地。

(二)避开泥石流沟

避免在沟谷的谷底、河道的河边建房,避免在已有泥石流沟谷中或出口选择建设场地,避开多发泥石流的沟谷。

(三)坡体地质结构

区内斜坡地质结构决定了斜坡变形破坏的方式和软弱结构面的位置,对滑动面的位置具有明显的控制作用,建设用地场址应选择在坡体地质结构稳定的地段。顺向坡夹有软弱夹层或顺向坡层理发育的边坡易发生滑坡;上部为第四系覆盖层,下部为坡度较陡的基岩,这种二元结构的边坡,在切坡的情况下,易发生滑坡;有断层通过的边坡地段,岩石破碎,边坡易发生滑坡。具有这些边坡构造的边坡容易构成不稳定斜坡,选址时应注意

避让。

(四)坡体形态

1. 斜坡坡度

据调查资料统计,发生滑坡的原始坡度在 20°～70°的滑坡占全部实地调查滑坡的94.3%。据此,坡度小于或等于 20°是相对稳定的斜坡;坡度大于 70°则易发生崩塌灾害。

2. 斜坡坡形

据调查资料统计,直线形和凸形正向类斜坡明显较负向类斜坡更容易产生滑坡地质灾害,如果建设场地不能避开胁迫地段,场址应选择在凹形和阶梯形坡负向类斜坡附近,尽量远离直线形和凸形正向类斜坡,坡度以小于 20°为佳。

(五)加强对建设用地的审批情况

县主管部门在审批前,须由专业人员现场进行考察,对工程建设场地进行地质灾害危险性评估,对宅基地现场的建设前及建设后地质环境情况进行评估,确认无地质灾害隐患后或经过治理消除地质灾害隐患的措施后,方可批准建设。

二、边坡设计

选择的建设场地,当其附近的斜坡无法满足稳定性要求或风险较大时,应采取防治措施。无论是对尚未严重变形与破坏的斜坡进行预防,还是对已经有严重变形与破坏的斜坡进行治理,都涉及边坡设计问题。边坡设计一方面取决于所处的工程地质条件,另一方面与工程建设的重要程度和级别有关,如市镇居民点、重要工程设施、交通干线等建设对边坡安全系数的要求不尽相同(见表 7-1),所以这里仅提一些初步的建议。

表 7-1　一般滑坡防治工程分级

级别		I	II	III
危害对象		县级和县级以上城市	主要集大型工矿企业、重要桥梁、国道专项设施	一般集县级或中型工矿企业、省级及一般专项设施
受灾程度	危害人数(人)	>1 000	1 000～500	<500
	直接经济损失(万元)	>1 000	1 000～500	<500
	潜在经济损失(万元)	>10 000	10 000～5 000	<5 000
施工难度		复杂	一般	简单
工程投资(万元)		>1 000	10 000～5 000	<5 000

(一)防水措施

降雨对地质灾害的影响较大,降雨在地表汇集后渗入地下,在基岩面之上形成上层滞水,或在基岩之上形成潜水,常常使地下水位抬升,岩土体含水量增大,结构面被软化,强度降低,引发斜坡变形与失稳。所以,栾川县边坡防治设计应该遵循防水措施为先的原则。

防水措施可以根据工程重要性综合选用引水措施和疏排措施。引水措施就是在斜坡顶部及外边缘修筑截水沟槽、排水暗沟和排水沟,及时将地表水引走,防止其汇入斜坡上,造成降雨渗入斜坡,软化土体。这一措施是防治滑坡地质灾害有效的措施之一,应做到沟槽切实不漏水,并设计检漏措施。疏排措施主要是指已经确定的滑坡地段,由于地下水位相对较高,对滑坡稳定性产生不利影响,必要时可采取疏排地下水,降低地下水位的措施。

(二)削坡措施

通过削坡减荷措施,使斜坡高度降低,坡度减小,是防治土体滑坡等地质灾害最有效的措施之一。由于市镇居民点、重要工程设施、交通干线等建设对边坡安全系数的要求不同,所以削坡减荷的程度亦不同。

1. 安全系数

安全系数可参照《滑坡防治工程设计与施工技术规范》(DZ/T 0219—2006)取值,根据受灾对象、受灾程度、施工难度和工程投资等因素,可按表7-1对滑坡防治工程进行综合划分,滑坡防治工程设计安全系数可按表7-2选取。

表7-2　滑坡防治工程设计安全系数

安全系数类型	工程级别与工况											
	Ⅰ级防治工程				Ⅱ级防治工程				Ⅲ级防治工程			
	设计		校核		设计		校核		设计		校核	
	工况Ⅰ	工况Ⅱ	工况Ⅲ	工况Ⅳ	工况Ⅰ	工况Ⅱ	工况Ⅲ	工况Ⅳ	工况Ⅰ	工况Ⅱ	工况Ⅲ	工况Ⅳ
抗滑动	1.3~1.4	1.0~1.3	1.10~1.15	1.10~1.15	1.25~1.30	1.15~1.30	1.05~1.10	1.05~1.10	1.15~1.20	1.10~1.20	1.02~1.05	1.02~1.05
抗倾倒	1.7~2.0	1.5~1.7	1.3~1.5	1.3~1.5	1.6~1.9	1.4~1.6	1.2~1.4	1.2~1.4	1.5~1.8	1.3~1.5	1.1~1.3	1.1~1.3
抗剪断	2.2~2.5	1.9~2.2	1.4~1.5	1.4~1.5	2.1~2.4	1.8~2.1	1.3~1.4	1.3~1.4	2.0~2.3	1.7~2.0	1.2~1.3	1.2~1.3

注:1. 工况Ⅰ—自重;

　　2. 工况Ⅱ—自重+地下水;

　　3. 工况Ⅲ—自重+暴雨+地下水;

　　4. 工况Ⅳ—自重+地震+地下水。

2. 坡形、坡比的选择

影响边坡稳定的因素多种多样,也极为复杂,主要包括坡形、坡比、地质结构以及自然因素等。边坡设计时,地质结构和自然因素一般已经确定,可设计的因素主要是坡形和坡比,做到既要边坡安全,又要节省工程量,选择合理的坡形和坡比是边坡设计的关键。

三、综合治理

针对目前已有的地质灾害,根据实际情况选择不同的工程进行治理。对小型且有一定危险性的地质灾害宜采用简易工程治理,包括修建排水沟、对民居后建房切坡形成的边坡建挡土墙等。对规模较大、危险性大、不易治理或治理的成本过高投入产出低、治理效果不能保证防治的地质灾害的坡形不易采用简易工程治理,应采取避让等措施治理。

总之,针对不同类型地质灾害发生的主要原因,采取综合的地质灾害防治措施。可供采取的地质灾害防治措施各有特点,应结合具体条件而定(见表7-3)。

表7-3　地质灾害防治措施

主要原因		地质灾害类型		
		滑坡	崩塌	不稳定斜坡
自然原因	河流侵蚀	护岸,植被绿化	护岸,植被绿化	护岸,植被绿化
	降雨侵蚀及渗入	防渗引水和疏排措施,退耕还林,气象预警,避让,抗滑工程	防渗引水和疏排措施,退耕还林,气象预警,避让	防渗引水和疏排措施,退耕还林,气象预警,避让
人为原因	选址不当	科学选址,灾害评估	科学选址,灾害评估	科学选址,灾害评估
	开挖坡脚	合理设计、严格审批、合理施工	合理设计、严格审批、合理施工	合理设计、严格审批、合理施工
	工程加载	减载压脚	—	减载
	库渠渗水	严格检查,堵漏防渗	严格检查,堵漏防渗	严格检查,堵漏防渗
	爆破震动	禁爆或远离	禁爆或远离	禁爆或远离

第四节　地质灾害气象预警区划

在地质灾害的控制与影响因素中,降雨和人类工程活动是最为活跃的触发因素。在人类不合理工程活动地段,建房切坡、修路切坡、采矿废石等,在降雨作用下极易引发地质灾害,降雨成为触发地质灾害最积极的因素。所以,通过气象预报,可有效开展滑坡、崩塌、泥石流等地质灾害预警,实现防灾、减灾的目标。

一、地质灾害时空分布与降雨的关系

我国地质灾害的发生是许多因素的组合,但降雨是诱发地质灾害的最主要、最直接的因素。据突发性地质灾害的分类统计,发现持续降雨诱发地质灾害占其总发生量的65%。其中,局地暴雨诱发的约占总发生量的66%,可见2/3的突发性地质灾害是由于大气降雨直接诱发的或与气象因素相关。这也说明降雨是地质灾害的主要诱发原因。基于国内外研究成果,由降雨引发的地质灾害大概可以分为以下3种类型:

(1)当日最大降雨型:前期累计雨量不大,持续时间也不长,只要当时有足够大的强降雨,地质灾害就可能发生。大量的研究表明,当日最大降雨与地质灾害的关系最为密切。

(2)持续降雨型:前期降雨持续时间长,已经使下垫层面饱和,地质灾害易发地带变得很脆弱,尽管灾害发生当日雨量不大,也会发生地质灾害。对于这种类型,持续降雨天数是很重要的因子。

（3）前期降雨型：灾害发生前的降雨不一定持续，但前期的累计雨量大，也会使下垫面饱和，地质灾害易发地带变得很脆弱，即使当日雨量不一定很大，同样会激发滑坡崩塌和泥石流等地质灾害。对于这种类型，有效（实效）降雨量是重要因子。

我国的地质灾害具有很大的空间差异性。滑坡、崩塌、泥石流灾害发生强烈的地区都是暴雨频发、降雨丰沛的地区。一般来说，暴雨的覆盖范围差别较大，从几百平方千米到几平方千米之间都有覆盖，泥石流、滑坡的发生具有更强的局地性，一般都是小范围的局部灾害，水平尺度一般不超过千米。因此，在用降雨量做地质灾害预报时，要充分考虑降雨范围与地质灾害范围之间的尺度差异，精细的地质灾害预报必须建立在丰富、及时的地学因子实时观测资料和精细的降雨预报的基础上。

二、地质灾害气象预报模型

地质灾害预报通常是将地质灾害预报简化为降雨量与地质灾害发生（如阈值雨量）的简单判别关系，从而便于运作和实施预报分析。假定在同一个预警区内，发生地质灾害的其他潜在条件都相似，降雨量成为唯一的决定因素。这样就可以根据各区内的降雨量与地质灾害发生之间的统计关系建立分区预报方程。为了解决预警区地质灾害的预报问题，挑选出预警区内附近有雨量测量站的地质灾害发生地并对相应的降雨资料进行整理。表7-4是栾川县气象站1951～2000年6～9月降雨量占全年降雨量的比例统计结果，可以看出栾川县6～9月降雨量达到全年降雨量的45%～85.3%，因此6～9月是栾川县地质灾害预报的重点时段。然后通过统计历史记录中地质灾害过程与前期降雨的关系，建立气象预报模型。

表7-4　栾川县气象站1951～2000年6～9月降雨量占全年降雨量的比例统计结果

年份	年降雨量（mm）	6月降雨量（mm）	7月降雨量（mm）	8月降雨量（mm）	9月降雨量（mm）	6～9月总降雨量（mm）	6～9月占全年降雨量的比例（%）
1951	868.6	41.0	247.0	136.3	96.0	520.3	59.9
1952	775.7	67.3	43.0	87.6	181.0	378.9	48.8
1953	1 125.5	138.7	424.0	337.5	5.7	905.9	80.5
1955	682.9	16.7	174.2	198.1	155.2	544.2	79.7
1956	836.0	241.0	121.1	311.5	11.5	685.1	81.9
1957	819.4	134.5	399.5	31.0	20.2	585.2	71.4
1959	854.0	160.5	193.6	147.3	52.2	553.6	64.8
1960	814.4	57.5	251.3	132.7	116.0	557.5	68.5
1961	828.7	140.1	55.6	80.9	198.5	475.1	57.3
1962	840.8	73.1	146.5	288.7	100.2	608.5	72.4
1963	788.2	74.0	137.9	172.5	97.2	481.6	61.1
1964	1 370.4	46.1	288.1	172.8	245.0	752.0	54.9
1965	989.6	52.9	299.6	264.3	25.6	642.4	64.9

续表7-4

年份	年降雨量（mm）	6月降雨量（mm）	7月降雨量（mm）	8月降雨量（mm）	9月降雨量（mm）	6~9月总降雨量（mm）	6~9月占全年降雨量的比例（%）
1966	661.3	43.6	201.7	93.2	42.5	381.0	57.6
1967	1 071.3	114.3	250.6	170.5	156.9	692.3	64.6
1968	832.4	28.6	112.3	145.2	273.8	559.9	67.3
1969	586.9	20.7	93.3	78.1	167.6	359.7	61.3
1970	883.5	122.6	224.2	80.5	144.1	571.4	64.7
1971	1 012.6	233.6	101.9	170.6	59.8	565.9	55.9
1972	640.6	50.9	136.0	83.6	76.7	347.2	54.2
1973	730.3	22.0	283.0	51.8	61.4	418.2	57.3
1974	771.3	78.8	75.6	140.5	62.8	357.7	46.4
1975	946.1	49.0	117.9	259.1	234.7	660.7	69.8
1976	610.8	35.0	195.8	68.8	78.6	378.2	61.9
1977	777.1	74.0	205.8	145.8	34.0	459.6	59.1
1978	671.4	96.6	278.3	46.3	42.4	463.6	69.0
1979	964.2	129.5	196.0	334.3	162.7	822.5	85.3
1980	900.9	150.2	200.2	144.9	59.0	554.3	61.5
1981	797.4	143.9	175.9	176.7	91.0	587.5	73.7
1982	820.1	66.7	262.1	168.4	82.7	579.9	70.7
1983	1 112.4	98.5	174.3	184.8	150.1	607.7	54.6
1984	1 107.6	114.6	206.8	123.8	361.2	806.4	72.8
1985	878.9	58.8	38.2	120.5	177.9	395.4	45.0
1986	674.0	79.1	157.1	95.8	105.7	437.7	64.9
1987	740.3	169.7	72.3	100.4	59.7	402.1	54.3
1988	776.6	16.1	196.2	213.4	59.7	485.4	62.5
1989	829.6	100.0	179.5	148.0	69.8	497.3	59.9
1990	781.5	194.7	135.2	68.0	53.6	451.5	57.8
1991	564.9	87.8	82.1	70.7	56.0	296.6	52.5
1993	854.6	148.7	86.1	147.7	44.5	427.0	50.0
1994	798.3	196.8	235.9	35.7	44.6	513	64.3
1995	773.2	24.8	199.5	276.9	25.4	526.6	68.1
2000	958.5	303.3	18.21	181.7	103.5	606.7	63.3

模型采用有效降雨量和当日降雨量2个指标。用有效降雨量综合表示前期降雨特征。有效降雨量计算式为

$$P_z = P_0 + \sum_{i=1}^{n} P_i K^i$$

式中:P_z 为有效降雨量;P_0 为预报当日雨量;P_i 为从灾害发生当日的前 i 天算起的第 i 天(灾害发生当日 $i=0$,灾害发生前 1 天,$i=1$,前 2 天,$i=2$)的降雨量;K^i 为前 i 天的影响系数。

通过优化方法求得 K 值为 0.75,n 值取 5 d。

三、临界降雨量确定

预报临界降雨量的确定需要对大量的样本进行统计分析,样本需要满足两个条件:①样本数量能满足要求;②各样本灾害发生时与其对应的降雨资料需要有详细的记录。本项目与栾川县气象局进行合作研究,以栾川县有详细记录的地质灾害发生相关的年份9 个雨量站的详细资料为样本进行分析研究,确定预警临界值。

对比分析本区降水特征和地质灾害发生的关系,确定地质灾害气象预警的临界降雨量。预警的临界降雨量特征值分别是:

(1)日降雨量≥50 mm。

(2)6 h 降雨量≥25 mm。

(3)1 h 降雨量≥20 mm 或 3 h 降雨量≥25 mm 并且日降雨量≥30 mm。

符合以上条件之一就应该进行地质灾害预警,作为地质灾害气象诱发日向外发布。

四、气象预警区划

按照《河南省突发地质灾害应急预案》,把河南省地质灾害气象预警预报分五个级别,分别是:Ⅰ级为可能性很小;Ⅱ级为可能性较小;Ⅲ级为可能性较大(注意级);Ⅳ级为可能性大(预警级);Ⅴ级为可能性很大(警报级)。预报级别达到Ⅲ级以上时,要在河南省人民广播电台、河南电视台等省级媒体当天的天气预报节目中向全省播发。

(一)日降雨量≥50 mm 预警区划

本降雨量级别在预警气象中相对降雨强度为最小(见图 7-1)。

(1)Ⅰ级预警区的范围最大,分布于伏牛山北麓、伊河与小河之间的山区及小河以北山区(图中白色),总面积 2 022.9 km²,占全县总面积的 81.3%。这些地区主要位于伊河、小河两侧支流区域,沟谷强烈下切地带,植被茂盛,人类工程活动不强烈,人口密度小,属地质灾害不发育区。

(2)Ⅱ级预警区,主要分布在小河流域的上游、淯河上游及明白河流域,面积 132.6 km²,占调查区总面积的 5.6%。这一区域为河流的上游,沟谷较为开阔,人口密度较大,人类工程活动较强烈,地质灾害发育强度稍低。

(3)Ⅲ级预警区的范围较小,分布于小河中下游、伊河中游区,面积 322.2 km²,占调查区总面积的 13.1%。这里河谷开阔,人口密度大,县城及主要乡(镇)多分布于此,人类工程活动强烈。

(二)6 h 降雨量≥25 mm 预警区划

本降雨量级别在预警气象中相对降雨强度为中等(见图 7-2)。

(1)Ⅰ级预警区的范围较前有所减小。总面积 1 895.5 km²,占调查区总面积的 76.5%。

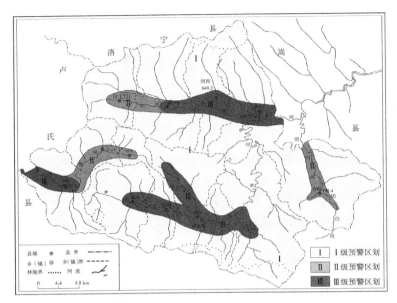

图 7-1 日降雨量≥50 mm 预警区划图

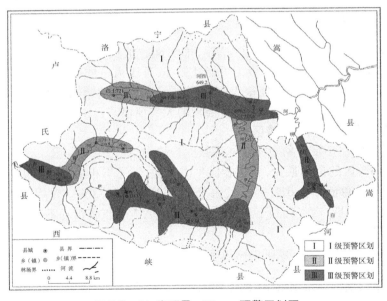

图 7-2 6 h 降雨量≥25 mm 预警区划图

（2）Ⅱ级预警区的范围有所扩大,随着单位时间降雨强度的增大,伊河庙子镇以下段洪水量增大,对两侧居民的影响大,把伊河的庙子—潭头段纳入Ⅱ级预警区。总面积179.3 km²,占调查区总面积的 7.2%。

（3）Ⅲ级预警区的范围基本没变,稍有增大,面积 402.9 km²,占调查区总面积的 16.3%。

(三)1 h 降雨量≥20 mm 预警区划

本降雨量级别还包括 3 h 降雨量≥25 mm 并且日降雨量≥30 mm，在预警气象中相对降雨强度为最大(见图 7-3)。

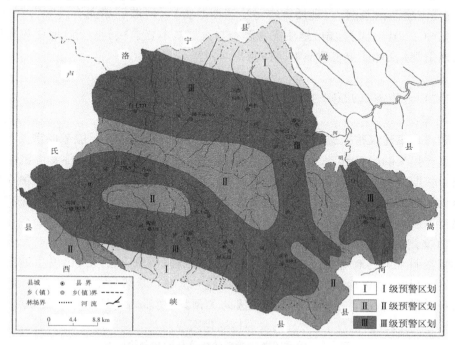

图 7-3　1 h 降雨量≥20 mm 预警区划图

(1)Ⅰ级预警区的范围大大缩减。只分布于伏牛山北麓、嵩山南麓地带,这些地方山高林密,原始生态良好,人口稀少,地质灾害对人类的危害不大。总面积 249.7 km²,占调查区总面积的 10.1%。

(2)Ⅱ级预警区的范围扩展至最大。除河谷地带县城、乡(镇)主要分布区外的、有自然村分布的地区,在降雨强度增强时,对村民形成危害,因此二级预警范围扩大。分布面积 720.1 km²,占调查区总面积的 29.1%。

(3)Ⅲ级预警区的范围扩展至最大,不仅包括伊河、小河、淯河、明白河河谷乡(镇)分布区,而且包括沿河谷外扩的人口相对密集区。面积 1 507.9 km²,占调查区总面积的 60.8%。

第五节　防灾预案与群测群防体系

一、栾川县地质灾害防灾预案编制

(一)防灾预案编制的目的、依据、原则和内容

1. 目的

指导当地人民群众防灾治灾,为当地政府部门提供地质灾害防治管理,以及防灾、减

灾、救灾的决策依据,提高栾川县政府部门的应急指挥能力和地质灾害综合管理水平,最大限度地避免和减少地质灾害给当地人民生命财产造成的损失。

2. 依据

《地质灾害防治条例》、《地质灾害防治管理办法》、《滑坡崩塌泥石流灾害调查规范》（DZ/T 0261—2014）、《县（市）地质灾害调查与区划基本要求》、《县（市）地质灾害调查与区划实施细则》、《地质灾害群测群防体制指南》等。

3. 原则

坚持"以人为本"的原则。

4. 内容

本防灾预案建议按照栾川县地质灾害、灾种编制,对影响较大可能造成重大人员伤亡和严重财产损失的隐患点,根据不同种类地质灾害发育的地质环境条件发生机制触发因素做出中长期预报,对其可能造成的危害进行预测,逐点落实包括监测报警疏散应急抢险等内容的预防措施,并根据栾川县地质灾害的分布规律,做出栾川县主要地质灾害点及重要隐患点巡回检查计划。

（二）栾川县防灾预案点及预案级别

详细查明栾川县地质灾害点及隐患点 221 处,根据地质灾害规模已发生地质灾害的灾情和危害程度,潜在地质灾害隐患点的潜在危害程度和险情大小（见表7-5）,并同栾川县地质环境科商讨,制订了栾川县地质灾害防灾预案,初步确定县级以上预案点 9 处（包括市级）,乡（镇）级预案点 144 处,其余为村级预案点。

表 7-5　地质灾害险情威胁程度与预案分级标准

威胁程度分级	预案级别	险情	
		威胁人数（人）	潜在直接经济损失（万元）
小型	县级	<100	<500
中型	市级	100~500	500~5 000
大型	市级	500~1 000	5 000~10 000
特大型	省级	>1 000	>10 000

注:资料来源于《地质灾害群测群防体制指南》（国土资源部地质环境司,2005 年）。

（三）单点防灾预案编制与防灾预案表

栾川县地质灾害详细调查项目组在地质灾害调查的基础上,协助栾川县政府和栾川县国土资源局编制了单点的防灾预案,对每个威胁到人的地质灾害隐患点都建立了防灾预案,防灾预案对每个灾害点或隐患点的地理位置、规模、威胁人口、威胁财产、危害程度、发展趋势都进行了介绍,明确了监测措施和预案级别,并对有可能造成群死群伤的重大地质灾害划定了撤退路线或避让位置,监测人和责任人由当地部门指定。每个地质灾害隐患点防灾预案都建立了防灾预案表并以数据库形式归档,共建立防灾预案 195 份。

二、栾川县地质灾害防灾预案实施建议

（一）明确组织指挥机构和抢险救灾队伍

建议防汛抢险救灾实行各级人民政府行政首长责任制，设立栾川县地质灾害防治领导小组，因县国土资源局为县地质灾害防治管理的归口单位，建议由县国土资源局局长任组长。

（二）逐点落实预防措施

防灾责任要落实到具体的乡（镇）单位，签订责任书，明确具体负责人。对于具体的灾害点，要做好宣传和培训工作，做到汛期提高警惕，明确监测人，设置好监测措施撤离路线，明确预警信号。

（三）汛前和汛期组织人员对地质灾害点进行巡查

汛前和汛期组织人员对地质灾害点进行巡查有利于地质灾害防灾预案的全面实施。为更好地巡查，按照交通便捷、区域连片、全面巡查的原则，制定了栾川县地质灾害巡查路线，共分为 3 条巡查路线，分别为南线、北线、中线。

第六节　栾川县地质灾害防治规划建议

一、防治规划编制的目的、依据和原则

（一）目的

为了有效地减轻栾川县地质灾害损失，为政府职能部门确定宏观决策和制定地质灾害防治规划提供基础依据，有计划地开展地质灾害防治工作，减少地质灾害损失和保护人民生命财产安全，并把地质灾害防治与促进经济发展紧密结合起来，处理好长远与当前、整体与局部的关系，努力实现经济效益、社会效益、环境效益的协调统一，为栾川县实现现代化创造一个良好、安全的地质环境。

（二）依据

《地质灾害防治条例》、《地质灾害防治管理办法》、《陕西省地质环境管理条例》、《滑坡崩塌泥石流详细调查规范》（DZ/T 0261—2014）、《县（市）地质灾害调查与区划基本要求》、《县（市）地质灾害调查与区划实施细则》、《地质灾害群测群防体制指南》、《栾川县国民经济和社会发展第十个五年计划纲要》、《栾川县城市建设发展五年规划》。

（三）原则

总体原则主要包括：①坚持预防为主，避让与治理相结合；②全面规划，突出重点。具体表现在：

（1）预防为主，避让与治理相结合的原则。

地质灾害防治的复杂性，决定地质灾害防治应采取"预防为主，避让与治理相结合"的方针，变消极被动的应急避灾为积极主动的减灾、防灾，使地质灾害防与治协调统一。

（2）突出"以人为本"的原则。

地质灾害防治目的是保护人民生命财产安全，地质灾害防治区划必须以保护广大人

民群众的利益为根本出发点,尽可能减少人员伤亡和财产损失。

(3)统筹规划,突出重点,"轻重缓急"分步、分期、分阶段实施的原则。

根据地质灾害可能造成危害的轻重,确定不同等级的防治区。优先安排重大地质灾害的治理与搬迁工作,做到近期与长远结合,局部防治与区域环境治理结合。

(4)遵循客观规律,并兼顾经济发展同步的原则。

地质灾害防治应紧密结合栾川县经济建设和社会发展的总体要求,将防治任务纳入社会经济发展计划,从全县实际出发,因地制宜,讲求实效,防治工作要同深化改革山区资源开发及工程建设相结合,做到"社会、经济、生态"三大效益相统一。

(5)坚持科技创新和机制创新的原则。

应用新理论研究地质灾害发生、发展和演变;利用新技术、新方法治理地质灾害,建立适合本县地质灾害防治工作的科技体系,取得最大的经济效益、社会效益和环境效益。逐步建立适应社会主义市场经济的社会化防治系统,多渠道筹措资金,加大防治投入力度。

二、地质灾害防治规划分区方法

(一)分区方法

栾川县地质灾害防治规划是在地质灾害易发性评价分区和危险性评价分区基础上,采用综合评判的方法进行。评判因子主要包括:①区域地质灾害分布密度和易发程度;②区域人口分布状况和受威胁人数;③区域地质灾害威胁对象;④栾川县国民经济建设规划状况。根据栾川县现状,对评判因子均分级评价。在对栾川县地质灾害综合评判的基础上,根据国土资源部《县(市)地质灾害调查与区划基本要求》实施细则,将栾川县划分为重点防治区、次重点防治区和一般防治区三个大区,各大区内进一步根据灾害防治类型、地质条件、危害对象和危害程度的不同,划分出亚区,具体分区标准详见表7-6。

表7-6　区域地质灾害分布密度和易发程度分级评价

评判因子		重点防治区	次重点防治区	一般防治区
易发程度		易发性分区中高易发区	易发性分区中中易发区	易发性分区中低易发区
分布密度		地质灾害分布广泛,分布密度大	地质灾害分布较广泛,分布密度较大	地质灾害分布较少,分布密度小
人口分布和受威胁人口		威胁人口多,人口分布密度大	威胁人口较多,人口分布密度较大	威胁人口较少,人口分布密度小
威胁对象	居民点	栾川县城、部分乡(镇)所在地	部分乡(镇)所在地、人口集中分布的村社	零星暂住居住点
	交通干线	部分国道、省道	部分国道、省道,栾川县县道和镇道等	其他
	大江、大河	伊河、小河、淯河部分河段	伊河、小河、淯河部分河段及明白河	其他
	旅游区及学校等	重渡沟、鸡冠洞	县级旅游景点	其他
	工厂和矿山等	栾川县主要能源矿山和工厂	栾川县非金属矿山和规模不大的工程	其他

（二）地质灾害防治规划分区

根据上述原则,将栾川县境内地质灾害易发程度高、地质灾害分布密度大、人口分布相对集中,地质灾害威胁对象重大及受地质灾害威胁的国民经济建设重点规划区划为重点防治区,将地质灾害易发程度较高、地质灾害分布密度较大、地质灾害危害较为严重的地区划为次重点防治区,其他地区则划为一般防治区。综上所述,将栾川县地质灾害防治分区划分为 3 个大区和 8 个亚区(见表7-7)。

表 7-7　栾川县地质灾害防治分区一览

分区级别	亚区代号	亚区名称	面积（km²）	乡镇（个数）	灾点（个数）
重点防治区（Ⅰ）	Ⅰ₁	陶湾—石庙—县城—庙子—赤土店重点防治区	541.9	8	122
	Ⅰ₂	狮子庙—白土街重点防治区	102.1	2	13
	Ⅰ₃	潭头—重渡沟重点防治区	109.7	1	24
次重点防治区（Ⅱ）	Ⅱ₁	叫河—三川—秋扒次重点防治区	554.2	2	38
	Ⅱ₂	合峪次重点防治区	490.1	1	20
一般防治区（Ⅲ）	Ⅲ₁	崤山南麓一般防治区	259.1	0	2
	Ⅲ₂	庙子北—潭头南一般防治区	199.2	0	1
	Ⅲ₃	伏牛山北麓一般防治区	221.4	0	1

第七节　应急搬迁避让新址

应急搬迁避让是减少农村地质灾害损失最为有效的措施之一。但是,由于以往的基础工作不够扎实,常常出现从一个隐患点搬迁到另一个隐患点的现象,仍然没有避开地质灾害的威胁,亦造成不应有的损失。地质灾害应急搬迁避让新址的目的就是杜绝这一现象的重演。地质灾害搬迁避让新址可以从区域上和点上两个方面来研究:区域上主要是开展地质灾害应急搬迁避让新址的工程地质区划,编制搬迁厂址建议分布图,划分出基本适宜区作为建设新址的区域,为搬迁避让和应急搬迁避让提供宏观依据;点上主要是根据调查结果,遴选出地质灾害危险程度大的点,针对地质灾害的具体情况,选择应急搬迁避让的新址,为搬迁避让提供点上的依据。

一、应急搬迁避让新址工程地质区划

栾川县位于豫西南中山区,包括中山、中低山、低山、丘陵及河谷平原阶地漫滩五种地貌类型。地貌类型直接影响着本区的工程地质条件,进而控制着本区建设厂址的适宜性。

（一）中山区

中山区位于伏牛山北麓、崤山南麓,山体高差大,坡度陡,沟谷切割深度大,沟谷狭窄,山体岩石裸露,常有陡坡岩石崩塌发生,雨季沟谷往往成为洪水排泄通道,甚至形成泥石流,该区人口密度小,有些地方为自然保护区,无人居住。该区局部较宽的沟谷内,靠近边坡经过开挖整平可形成小面积的场地,供村民建设用地。不适宜建设重大工程和基础设施,不适宜作为乡(镇)、村庄基础设施等建设场址。为建设场地不适宜区。

(二)中低山区

中低山区分布于栾川县中部广大地区,面积占栾川县总面积的70%以上,全县一半乡(镇)分布于该区,集中了全县近一半的人口。海拔500~1 500 m,高差150~300 m。整体上山体陡峭,沟谷发育,沟谷切割较深,沟谷狭窄,民房于沟谷内靠山坡的地方零星分布,大部分地段不适宜作为乡(镇)、村庄基础设施等建设场址。

但在该区的大的沟谷的沟口处(赤土店镇所在地)、宽阔的沟内(三川、冷水乡一带)、沟与沟的交汇处(狮子庙镇所在地)等特殊地段,地势较为开阔;另外在赤土店镇北部西花园—东花园—白沙洞一带,为山的腰部,地势相对开阔平坦,可作为乡(镇)、村庄基础设施等建设场址。

(三)低山区

低山区分布于栾川县的东部合峪镇内,以低山为主,沟谷较为开阔,沟两侧山体坡度变小,开阔的沟内,沟与沟的汇合处存在较为开阔的场地,可作为乡(镇)、村庄基础设施等建设场址。为建设场地基本适宜区。

(四)丘陵地貌

丘陵地貌主要分布于潭头盆地内,面积较小,地形起伏不大,坡度较为舒缓,地表多为第四系覆盖,多为农田,地势开阔地段较多,可作为乡(镇)、村庄基础设施等建设场址。但有滑坡等地质灾害存在,在采取相应的工程措施后,可建设城镇重大工程和基础设施。为建设场地基本适宜区。

(五)河谷平原阶地漫滩

河谷平原阶地漫滩主要分布于伊河两侧的阶地及漫滩区,地势平坦,表层为土层,下伏砂卵石。整个平原阶地漫滩宽窄不一,在陶湾—庙子段伊河较为开阔,特别是在支流与伊河交汇处,存在较为开阔的地段,如陶湾镇、石庙镇、庙子镇政府所在地均为支流与伊河的交汇处。

该区可作为乡(镇)、村庄基础设施等建设场址,可建设城镇重大工程和基础设施,但应注意防范洪水、泥石流及地质灾害。为建设场地适宜区。

二、重要地质灾害点应急搬迁避让新址建议

(一)应急搬迁避让新址选择建议

(1)对有危害的地质灾害隐患点,若花钱少,经简单工程治理措施(如填堵裂缝等防水措施清理危岩体)可以防治的,要及时治理;治理经费大或难以治理的,或治理后效果不好的,应采取搬迁避让措施。需要搬迁的地质灾害隐患点,要按照轻重缓急的原则,在乡(镇)政府的组织下,有计划、有步骤地实施。地质灾害隐患点的变形破坏迹象明显时,应实施应急搬迁避让措施,组织险区的人员快速疏散和搬迁。

(2)尽量选择开阔的河谷地区作为应急搬迁避让新址。调查区大部分为中低山地貌,沟谷发育,下切侵蚀强烈,地形坡度大,沟谷狭窄,陡的山坡易发生滑坡、崩塌地质灾

害,汛期沟谷内易引发泥石流等地质灾害,这种沟谷多,不适宜作为搬迁避让的新址;而开阔的河谷地区,地势较开阔,地形相对平缓,受河水侵蚀作用较弱,谷坡稳定程度较高,可作为应急搬迁避让新址场地。

(3)避开顺坡节理和结构面发育地段。斜坡体内发育有顺坡向剪节理透水性差异较大的岩性分层结构面,为滑坡、崩塌等地质灾害的发生提供了条件,这些地段是崩滑等地质灾害的频发地段。建设新址的选择应避开这些地段。

(4)搬迁避让新址的选择应进行实地调查和建设场地危险性评估。在搬迁工程方案审批前,应请专业技术人员进行实地调查和新址地质灾害危险性评估,确认不会发生滑坡、崩塌等地质灾害后方能批准施工。如不能完全避开地质灾害隐患点,应在设计和施工中,对可能产生滑坡、崩塌的斜坡地段采取必要的防治工程措施,如削坡和修建排水渠等。

(5)滑坡发生的地形坡度集中于 30°～70°,其运动方式和速度因个体而异。在选择搬迁新址时,应尽量避开滑坡易发的坡度地段,还要避开滑坡下滑后水平滑距范围内所威胁的范围。

(6)崩塌体发生于地形坡度大多在 60°以上的边坡或悬崖上,崩塌的水平位移不大。选址建房时应避免靠近陡峭的边坡,防止崩塌体下坠对建筑的危害。选址建房时应对场地边坡进行检查,是否有危岩体存在,是否有不利的结构面存在破坏边坡的稳定性,危岩体及时清除,对不稳定边坡进行治理,如放坡、削方减载、坡面防护、采用土钉墙锚杆进行坡面锚固。

(二)搬迁点危险程度及新址建议

1. 庙子镇龙王幢村李家庄滑坡(H96)

龙王幢村李家庄滑坡(E111°45′01″,N33°51′10″)位于栾川县庙子镇北 11 km、通伊河的东岸,为斜坡地貌,滑坡前缘为陡坎,后缘呈圈椅状,可见明显后缘滑坡壁,两侧以冲沟为边界,主滑方向 300°。滑坡呈扇形,前缘高程 625 m,后缘高程 652 m,纵长 110 m,前缘宽 110 m,面积 12 100 m²,滑体平均厚度约 30 m,滑坡体积 36.3 万 m³。滑面为覆盖层与基岩接触面,空间形态基本上受古地貌控制,为后高前低起伏不大的折曲面,为牵引式滑坡。威胁李家庄村 20 户近 100 人、民房 120 间,潜在经济损失 150 万元。

截至调查结束,该滑坡还没有进行过治理,该滑坡 50 年前曾出现过滑动,30 年前又一次滑动,目前滑坡前缘还有蠕动下滑现象,造成 1 户民房毁坏,对李家庄村村民的生命安全造成重大威胁,因此建议该处部分居民集体搬迁。由于李家庄位于通伊河与伊河的交汇处,周围山体基岩出露,通伊河、伊河切割深,沟谷狭窄,李家庄周围没有较为开阔的搬迁选址,另外李家庄附近为山地,山体基岩出露,没有耕地,交通闭塞,因此结合新农村规划建议其搬迁到庙子镇上。

2. 三川镇大红村江沟组滑坡(H186)

江沟组滑坡(E111°20′06″,N33°54′50″)位于栾川县三川镇大红村大红沟西侧支沟内,是一处残坡积层沿基岩接触面滑坡。

该滑坡发育于一斜坡上,地势北高南低,滑坡前缘为陡坎,后缘呈圈椅状,后缘、西侧滑坡壁明显,滑坡壁高 1～2 m,滑坡壁光滑无植被,滑坡体与周围呈陡坎接触,滑坡周界特征明显,滑坡前缘基岩出露。主滑方向 125°,前缘高程 1 253 m,后缘高程 1 310 m,高

60 m,坡度 40°～50°,滑坡体上及滑坡前缘分布有零散的民房,滑坡体上已经被开垦成梯田。

滑坡呈扇形,纵长 160 m,前缘宽 140 m,前缘高 1～2 m,滑坡体面积 17 600 m²,滑体平均厚度约 8 m,滑坡体积 113.4 万 m³。

该滑坡对滑坡体上及坡下居住的村民的安全构成威胁,共威胁村民 12 户 50 人、民房 50 间,资产约 60 余万元。

2010 年 7 月 24 日栾川县特大暴雨期间,滑坡蠕动下滑,形成后缘陡坎,滑坡体上出现裂缝,2011 年雨季又下挫 1 m。

以上迹象表明坡体处于不稳定状态,在雨季有发生滑坡的危险,一旦灾害发生,将给村民生命财产带来不可估量的损失。鉴于此,建议该村整体搬迁。

该新址位于大红沟内,沟内地势平坦,沟谷开阔,沟宽 100～200 m,为理想的安置新区,场地土上部为粉质黏土,下伏砂砾石层,场地工程地质条件较好。

3. 冷水镇龙王庙村十三组滑坡(H190)

冷水镇龙王庙村十三组滑坡(E111°25′50″,N33°54′32″)位于冷水镇龙王庙村南侧 1.5 km 西沟阳家,该滑坡位于村后斜坡上,斜坡长约 60 m,宽约 100 m,面积约 6 000 m²,上覆残积土层,下伏强风化的片岩,片岩产状 100°∠50°,为表层残积土沿基岩面下滑形成滑坡,为顺向坡,对坡下村民的安全构成威胁。威胁村民 9 户 38 人、民房 45 间,潜在经济损失约 50 万元。

该滑坡所在斜坡坡度陡,高度大,一旦下滑,滑坡体将形成巨大的冲击力,对斜坡下的村民造成毁灭性打击。该滑坡治理难度大,投入高,治理后效果差,因此建议进行搬迁。搬迁新址位于小西沟沟口地势平坦、开阔地带,场地上覆黏性土层,下伏砾石层,可作为搬迁新址场地。

4. 狮子庙镇红庄村南洼组采空地面塌陷

狮子庙镇红庄村南洼组采空地面塌陷(E34°01′37″,N111°33′55″)位于狮子庙镇红庄村南洼组及附近农田内。据了解,塌陷区位于红庄金矿矿区范围,下面为采空区。主要表现为地面塌陷和地裂缝发育,以往数年断续出现裂隙 10 余条,整个范围大概东西宽 600 m,南北长 800 m 左右。调查发现有 3 个塌陷坑,大小不等,1 号塌陷坑 5 m×8 m,可见深达 4.7 m 左右;2 号塌陷坑大小为 4 m×3 m,可见深达 3.6 m 左右,3 号塌陷坑大小为 2 m×2 m,可见深达 3 m 左右。塌陷坑已有数年,后由塌陷物和杂物填充,塌陷区为一 V 形沟谷。塌陷坑位于东坡,据调查西坡沿坡肩断续有裂隙发育,上下错动 1 m 左右,裂缝宽度在 30～80 cm,可见深达 80 cm,断续延伸 500 多 m。有几户房屋变形严重,墙体开裂,已不能居住,一间土木瓦房在 2010 年"7·24"特大暴雨后倒塌。砖混楼房墙体开裂宽度最大可达 15 cm,地基变形,大门门框明显倾斜,房门不能打开,危房不能居住。影响范围是 14 户 82 人、房屋 81 间,潜在经济损失约 100 万元。

为了消除塌陷对村民生命财产的威胁,恢复村民的正常生活秩序,建议对红庄村南洼组进行整体搬迁,搬迁新址建议选在南洼组南侧 1 km 处小河边,该处河谷开阔,地势较为平缓,适宜选址建村,搬迁后与原有耕地距离不远,利于村民生产生活。

需要指出的是,搬迁的居民数量较大,势必要求镇政府统筹规划,逐步安排实施搬迁工程,或由政府根据本镇实际情况选择新址。

第八章　结论和建议

第一节　结　论

（1）对栾川县全境开展了环境地质条件调查，查明了地质灾害发生的地质背景。调查区位于豫西南山区，地形、地貌类型复杂多样，按其形态可分为中山地貌、中低山地貌、低山地貌、低山丘陵地貌、河谷阶地漫滩地貌；地层岩性复杂，断裂构造发育，但地震烈度低，无破坏性地震发生；工程地质条件较复杂；水文地质条件简单；降雨充沛，多集中在7～9月，且强降雨多有发生；人类工程活动主要表现为矿业开发、村镇建设及修建道路等，人类工程活动强烈；降水和人类工程活动成为触发地质灾害的重要因素。总体上讲，调查区环境工程地质条件差，是滑坡和崩塌等地质灾害的高发地区。

（2）遥感解译灾害点182个、野外实地调查了810个点，其中地质环境调查点589个、地质灾害（及隐患）调查点221个。在全部地质灾害调查点中滑坡191处，占地质灾害点总数的86.43%；崩塌4处，占1.81%；泥石流（隐患）13处，占5.88%；不稳定斜坡12处，占5.43%；地面塌陷1处，占0.45%。现状条件下，地质灾害发育。

（3）滑坡、崩塌和不稳定斜坡等地质灾害总体上具有数量多、分布集中、规模差异大、引发因素清楚的特征。多数滑坡平面形态较完整、厚度不大、基本力学模式简单，危害较大；崩塌规模小、危害较小，以修建公路开挖边坡和居民削坡建窑形成陡崖的表现形式为主；不稳定斜坡坡宽跨度大、坡形以凸形坡和直线形坡为主，多分布于修建公路开挖边坡、陡峭的自然边坡上，潜在危害大。泥石流现状条件下较发育，还存在大量泥石流隐患沟，物源为自然堆积在沟内的碎屑物、采矿在沟道中堆放的大量废弃物及尾矿库储存物，一旦遇到足够的水动力条件，极有可能形成泥石流，泥石流的危害大。地面塌陷是栾川县危害较大的一种地质灾害，目前仅存一处，未来随着矿业开发的深入，地面塌陷也将成为栾川县的主要灾种，危害大。整体上栾川县地质灾害具有较发育、稳定性较差、分布面积广、威胁人口多等特点。

（4）地层岩性、坡体地质结构、坡体形态等是滑坡、崩塌灾害形成的控制因素，地下水和植被是滑坡、崩塌灾害形成的影响因素，人类工程活动和降水的双重作用是滑坡、崩塌灾害形成的触发因素。斜坡地质结构决定了斜坡变形破坏的方式和软弱结构面的位置，形成了滑动面。滑坡面分为碎屑土与基岩接触层面、基岩与基岩接触层面、斜坡上的松散层与基岩接触面；在直线形、凸形、凹形和阶梯形中，直线形和凸形坡明显较负向类斜坡更容易产生滑坡、崩塌地质灾害；斜坡高度与坡度对滑坡具有明显的控制作用，滑坡主要发生在坡度30°～70°的斜坡上，表明土体斜坡的坡度越大，临空的危势和斜坡体内应力也越大，斜坡越易产生变形破坏。崩塌则主要发生在坡度大于70°的斜坡上，主要是自然形成的陡坡及修路人工形成的陡崖，由于人工开挖破坏了边坡原有平衡，大气降雨等外力作用下形成崩塌。不稳定斜坡分布于 60°~90° 较陡的边坡上,主要是人工修路切坡引发,也有部分是自然形成的陡坡,在降雨等外动力作用下或内应力作用下形成节理裂隙,破坏了岩土的完整性,形成不稳定斜坡。栾川县沟谷发育,降雨充沛,泥石流灾害发育,物源主要是沟内堆积的自然风化形成的碎屑物,另外栾川县矿业发达,采矿废渣及尾矿库是泥石流的主要物源,众多的尾矿库在强降雨下可能溃坝形成泥石流,危害极大。

(5)栾川县地质灾害在空间上主要分布于伊河、小河及其支流两岸谷坡,形成高、中、低易发区(带)。在时间上主要表现为,在地质历史时期,滑坡、崩塌的发生主要集中在近现代,大部分灾害点是 2010 年"7·24"特大暴雨期间引发的;平常年份,滑坡、崩塌在 7~9 月雨季相对集中。

(6)根据栾川县地质灾害发生的地质环境条件、地质灾害发育特点,结合地质灾害点的发育密度,以定量评价和定性分析相结合的方法,对地质灾害易发区进行综合分析、评价,划分出地质灾害高易发区总面积约 888.3 km²,占全区面积的 35.9%,主要分布于小河河谷,包括白土镇、狮子庙镇、秋扒乡及潭头镇政府所在地一带;伊河河谷及北侧支流区,涉及陶湾镇、石庙镇、城关镇、栾川乡、白土镇、庙子镇政府所在地及县城一带;淯河河谷区,包括冷水镇、三川镇、叫河镇政府所在地一带;明白河河谷,包括合峪一带。中易发区总面积约 863.5 km²,占全区面积的 34.9%,地质灾害中易发区主要分布于小河河谷北部山区、小河与伊河之间的中山区、庙子镇东侧及合峪镇大部分地区。低易发区 725.0 km²,占全县总面积的 29.2%,主要分布于伏牛山北麓、崤山南麓一带,以及庙子北部—潭头南部中山区。

(7)根据栾川县地质灾害易发区的划分、灾害点的危险程度及威胁范围,结合区域地质环境条件、国民经济建设和社会发展规划将栾川县划分为高危险区、中危险区、低危险区三个级别。同样以定量评价和定性分析进行了地质灾害危险性区划,其中高危险区总面积约 164.8 m²,占全区面积的 6.7%,主要分布于伊河河谷的中上游,涉及陶湾镇、石庙镇、栾川乡、城关镇。中危险区总面积约 766.3 km²,占全区面积的 30.9%,主要分布于伊河河谷、小河河谷、淯河河谷,涉及白土镇、狮子庙镇、潭头镇、庙子镇、赤土店镇、三川镇、冷水镇、叫河镇。低危险区总面积约 1545.7 km²,占全区面积的 62.4%,分布于除高危险区和中危险区外的广大地区,主要集中于伏牛山北麓、崤山南麓、伊河与小河之间的中山区、合峪镇范围内。

(8)对地质灾害气象预警区划进行了初步尝试,确定了气象预警临界降雨量值:①日降雨量≥50 mm;② 6 h 降雨量≥25 mm;③1 h 降雨量≥20 mm。对可能发生灾害的临界降雨量,按照Ⅰ级、Ⅱ级、Ⅲ级三个预警级别,进行了地质灾害气象预警区划。

(9)对栾川县地质灾害的防治工作进行了规划,划分了重点防治区、次重点防治区、一般防治区。其中,重点防治区总面积约 753.7 km²,占栾川县总面积的 30.4%;地质灾害次重点防治区,总面积约 1 044.3 km²,占栾川县总面积的 42.1%;地质灾害一般防治区面积约 679.7 km²,占栾川县总面积的 27.5%。

第二节　建　议

(1)地质环境保护与地质灾害防治是预防地质灾害的根本措施,必须以人为本,坚持科学发展观,提高地质环境保护意识,以防为主、防治结合。

(2)将合理利用、保护地质环境与防治地质灾害纳入当地国民经济与社会发展的计划之中。县级人民政府每年应落实相应数量的地质灾害防治经费。

(3)进一步完善群测群防网络体系建设,以防为主、防治结合。危险和次危险的灾害点必须落实监测人,加强地质灾害险情的动态监测,重大地质灾害和重大险情迅速上报。对于发现的重大地质灾害,必须在及时向上级主管部门报告;对发现重大险情的地质灾害隐患点,一旦出现险情,立即上报,以便组织专业技术人员现场及时调查,为当地政府抢险救灾提供决策依据。

(4)建立建设用地地质灾害危险性评估制度。人类工程活动为地质灾害最大的诱发因素之一,要从制度上规范人类工程活动,对于农村或城镇居民个人建房,土地划拨单位应进行地质灾害危险性评估,防止将新房建在地质灾害危险区域的悲剧重演。

(5)在本次地质灾害详细调查的基础上,建议进一步开展如下工作:①对应急搬迁避让新址位置进行地质灾害危险性评估;②完善地质灾害风险评估技术方法和探讨地质灾害风险管理方法;③在小尺度风险评估的基础上,开展县(区)级地质灾害气象预警预报研究,开发县(区)级地质灾害气象精细预警模型;④开展重大地质灾害勘查、监测预警工作;⑤进一步宣传地质环境保护和地质灾害防治知识,提高群众地质灾害防治意识,不断完善群专结合的监测网络。

(6)由于修路挖坡形成的滑坡、崩塌、不稳定斜坡等地质灾害,建议由公路管理部门统一进行巡查、治理。

参考文献

［1］徐增亮.环境地质学［M］.青岛:中国海洋大学出版社,1992.

［2］罗元华,张梁.地质灾害危险性评估方法［M］.北京:地质出版社,1998.

［3］刘传正.地质灾害勘查指南［M］.北京:地质出版社,2000.

［4］中华人民共和国国土资源部.滑坡防治工程设计与施工技术规范:DZ/T 0219—2006［S］.北京:中国标准出版社,2006.

［5］中华人民共和国国土资源部.泥石流灾害防治工程勘查规范:DZ/T 0220—2006［S］.北京:中国标准出版社,2006.

［6］中华人民共和国国土资源部.崩塌、滑坡、泥石流监测规范:DZ/T 0221—2006［S］.北京:中国标准出版社,2006.

［7］中华人民共和国建设部.岩土工程勘察规范:GB 50021—2001［S］.北京:中国建筑工业出版社,2001.

［8］国家技术监督局.区域水文地质工程地质环境地质综合勘查规范(比例尺1:50 000):GB/T 14158—1993［S］.北京:中国标准出版社,1993.